普通高等教育一流本科专业建设成果教材

过程装备拆装

丁文捷　主编　杨文玉　郭学东　副主编

Disassembly and Assembly of Process Equipment

·北京·

内容简介

本书以过程装备中的泵、阀、换热器为对象，介绍了装备拆装的基本原理、基本原则和基本工具，实例化介绍了虚拟拆装训练工具开发和应用方法。全书由7章组成：第1章，拆装实习概述，简单说明拆装实习的概念、目的；第2章，实习大纲，说明拆装课程的基本要求和教学形式；第3章，简单说明拆装的原理和方法；第4、5、6章分别详细介绍泵、板式换热器、阀门的拆装过程；第7章，介绍虚拟拆装概念和方法。

本书注重拆装原理的阐述，结合工程培训与实践，用工程实践方法，适当兼顾新型训练技术，力求理论联系实际，动手与动脑相结合；注重用理论指导实践，体现创新意识。本书可作为应用型本科和高职高专过程装备类专业、化工类专业相关课程教材，也可作为过程装备现场运维人员的参考用书。

图书在版编目（CIP）数据

过程装备拆装/丁文捷主编；杨文玉，郭学东副主编.—北京：化学工业出版社，2023.6
ISBN 978-7-122-43099-1

Ⅰ.①过… Ⅱ.①丁… ②杨… ③郭… Ⅲ.①化工过程-化工设备-装配（机械）Ⅳ.①TQ051

中国国家版本馆CIP数据核字（2023）第044428号

责任编辑：丁文璇　　文字编辑：张钰卿　王　硕
责任校对：宋　玮　　装帧设计：张　辉

出版发行：化学工业出版社（北京市东城区青年湖南街13号　邮政编码100011）
印　　装：北京天宇星印刷厂
787mm×1092mm　1/16　印张6¾　字数159千字　2023年9月北京第1版第1次印刷

购书咨询：010-64518888　　售后服务：010-64518899
网　　址：http://www.cip.com.cn
凡购买本书，如有缺损质量问题，本社销售中心负责调换。

定　　价：29.80元

前言

过程装备与控制工程专业承担着培养“能生产、懂维修”的技术人员的重要职责。“以就业为导向，以服务为宗旨”，结合专业培养目标，通过典型过程装备拆装工艺的分析和训练，使学生具备拆装的基本技能，掌握过程装备拆卸和装配的基本工艺知识，熟悉典型零件修复工艺技术，为后续学习奠定基础，是过控专业教学的一项重要内容。

宁夏大学过程装备与控制工程专业是国家级一流本科专业建设点，在专业建设过程中，为学生开设动手动脑基本技能训练课程，不仅能够大幅提高学生实操能力，还能提高专业兴趣、开拓创新视野、增强专业使命感和责任感，符合党的二十大精神要求。本教材为国家级一流本科专业建设成果教材。

本书通过介绍过程装备拆装的基本原理、基本原则、基本工具，以及虚拟拆装训练工具开发和应用方法，把实操训练与虚拟实训相结合，适度增强拆装原理、工艺步骤规划、安全生产介绍，有助于学生在未来解决工程实际问题时，具备技术管理规范意识，减少拆装过程中的危险有害因素，正确开展应急处置。各院校可根据各专业实际选择教学内容。

本书由宁夏大学丁文捷、杨文玉、郭学东编写。本书得到了宁夏大学优秀教材出版基金的资助，也得到了宁夏大学机械工程学院领导的支持和关心，更得到了校内外同仁的无私支持和帮助，在此一并表示感谢。

限于编者水平，书中不妥之处在所难免，敬请读者指正。

编者

2022. 10

第 1 章　拆装实习概述 ······ 1

1.1　基本目的 ······ 1

1.2　拆装实习守则 ······ 1

1.3　机械拆装与测绘安全文明生产要求及操作规程 ······ 2

1.3.1　机械拆装与测绘安全文明生产要求 ······ 2

1.3.2　机械拆装与测绘技术操作规程 ······ 3

第 2 章　实习大纲 ······ 4

2.1　课程基本信息 ······ 4

2.2　实践教学目标 ······ 4

2.3　实践教学内容与要求 ······ 4

2.3.1　拆装视频教学内容与要求 ······ 4

2.3.2　拆装实训内容与要求 ······ 5

2.3.3　生产运维视频教学内容与要求 ······ 5

2.4　教学参考、教学形式与成绩评定 ······ 6

2.4.1　教学参考 ······ 6

2.4.2　教学形式 ······ 6

2.4.3　成绩评定 ······ 6

2.5　实习安排表 ······ 7

第 3 章　拆装基础知识 ······ 9

3.1　拆装原理 ······ 9

3.1.1　拆件存放 ······ 9

3.1.2　拆件顺序 ······ 9

3.1.3　拆装记录 ······ 10

3.1.4　拆卸方法 ······ 10

3.2　拆装与维修基本知识 ······ 10

3.2.1　常用螺纹连接件、锁止件、密封件、轴承的拆装 ······ 10

3.2.2　机械零部件测绘 ······ 13

3.2.3　化工机械及其维修保养基础常识 ······ 13

3.3　化工机械拆装和测绘常用的工机具 ······ 17

3.3.1　拆装常用工具 ………………………………………… 17
3.3.2　测绘常用量具 ………………………………………… 23
3.4　常用润滑剂及机械设备的清洁工作 …………………… 26
3.4.1　润滑剂 ………………………………………… 26
3.4.2　机械设备的清洗和除污 ……………………………… 27

第4章　泵的拆装 —— 31

4.1　教学目的 ………………………………………… 31
4.2　工具与器材 ………………………………………… 31
4.3　基本构造与工作原理 ………………………………… 33
4.4　泵的零部件拆装 ………………………………………… 34
4.4.1　机座螺栓的拆卸 ………………………………………… 34
4.4.2　泵壳的拆卸 ………………………………………… 35
4.4.3　泵轴的拆卸 ………………………………………… 35
4.4.4　联轴器的拆装 ………………………………………… 35
4.4.5　轴承的拆装 ………………………………………… 36
4.4.6　密封结构的拆装 ………………………………………… 36
4.4.7　转子的拆装 ………………………………………… 37
4.5　拆卸分解 ………………………………………… 38
4.5.1　工艺步骤 ………………………………………… 38
4.5.2　注意事项 ………………………………………… 38
4.5.3　拆出零部件的处置 ………………………………… 38
4.5.4　零件的检查及校正 ………………………………… 39
4.6　测量与测绘 ………………………………………… 39
4.7　再装配组合 ………………………………………… 39
4.8　实习记录内容 ………………………………………… 40
4.9　作业 ………………………………………… 41
4.10　实习报告模板 ………………………………………… 41

第5章　板式换热器的拆装 —— 42

5.1　教学目的 ………………………………………… 42
5.2　工具与器材 ………………………………………… 42
5.3　基本构造与工作原理 ………………………………… 43
5.4　板式换热器的检修和安装 ……………………………… 44
5.5　拆卸分解 ………………………………………… 45
5.5.1　工艺步骤 ………………………………………… 45
5.5.2　注意事项 ………………………………………… 46
5.6　测量与绘制 ………………………………………… 46
5.7　再装配组合 ………………………………………… 47
5.8　实习记录内容 ………………………………………… 47

5.9 作业 …… 48
5.10 实习报告模板 …… 48

第6章 阀门的拆装 …… 50

6.1 教学目的 …… 50
6.2 工具与器材 …… 50
6.3 基本构造与工作原理 …… 51
6.4 阀门零部件的拆装 …… 53
6.4.1 连接件的拆卸与装配 …… 53
6.4.2 通用阀件的拆卸与装配 …… 56
6.4.3 垫片的拆卸与安装 …… 62
6.4.4 填料的拆卸与安装 …… 67
6.5 拆卸分解 …… 70
6.5.1 工艺步骤 …… 70
6.5.2 注意事项 …… 70
6.5.3 零件的检查及校正 …… 71
6.6 测量与测绘 …… 71
6.7 阀门组装步骤 …… 71
6.8 实习记录内容 …… 72
6.9 作业 …… 72
6.10 实习报告模板 …… 72

第7章 虚拟拆装 …… 74

7.1 虚拟拆装的认识 …… 74
7.1.1 基本概念 …… 74
7.1.2 实物拆装存在的问题 …… 74
7.1.3 虚拟拆装训练系统软件 …… 75
7.2 清水离心泵的虚拟拆装 …… 75
7.2.1 虚拟拆装平台的搭建 …… 75
7.2.2 利用 Unity 3D 软件制作虚拟拆装系统 …… 76
7.2.3 拆装实训流程及总结 …… 80
7.3 浮头式换热器的虚拟拆装 …… 82
7.3.1 拆装对象结构组成 …… 83
7.3.2 虚拟拆装对象的三维建模 …… 83
7.3.3 拆装功能的实现步骤 …… 84
7.4 闸阀的虚拟拆装 …… 86
7.4.1 交互 UI 的设计及策划 …… 86
7.4.2 页面 UI 的建立以及基本参数的设置 …… 86
7.4.3 界面间交互逻辑的设置 …… 88
7.4.4 零件库的创建以及拆装动画的制作 …… 89

附录 化工机械拆装风险辨识、防范与处理 93
F.1 触电事故现场处置方案 93
F.2 机械伤害现场处置方案 94
F.3 高处坠落现场处置方案 94
F.4 灼烫事故现场处置方案 95
F.5 易燃易爆物料泄漏应急处置方案 95
F.6 有限空间事故现场处置方案 96
F.7 坍塌 97
F.8 物体打击、其他伤害 98
F.9 中毒和窒息 99
参考文献 100

第1章 拆装实习概述

拆装实习，作为单独的一门课程，是工科专业全面贯彻党的教育方针，培养担负新时代社会主义建设使命的全面发展人才的一项重要实践环节，是实现理论与实践相结合的有效方式。

1.1 基本目的

① 认识典型过程设备及典型过程控制装置的构造和原理。

② 认识拆装设备、工具、量具，掌握正确操作与使用方法。

③ 重点学习并认知拆装测绘工艺，理解拆装测绘工艺编制方法。

④ 重点训练学生对零部件与整机测绘、三维重建能力。在拆装测绘过程中，重点学习过程单元设备各零部件及其相互间的连接关系、组配顺序、精度设计、拆装方法和步骤及注意事项；观察和分析装备构造，理解制造过程与运维过程的区别与联系；正确分解零部件，选择合适的量具测量装配尺寸，正确绘制零部件，正确标注装配尺寸。

⑤ 了解安全操作常识，熟悉零部件拆装后的正确放置、分类及清洗方法，培养良好的工作和生产习惯。

⑥ 锻炼和培养动手能力。在拆、装、测、绘的过程中，充分发挥学习主观能动作用，做到“任务清晰、职责到人、细心观察、积极动手、勤于思考、真实记录、虚心请教、勇于交流、及时总结”，在有限时间里，使诸方面的能力得到提高。

1.2 拆装实习守则

① 制度。严格遵守实习守则中的各项规定，服从命令听指挥，时刻把安全意识放在首位，处处注意安全。

② 安全。实操期间，不相互嬉戏打闹，注意安全防护用品的使用和正确穿戴（如戴安全帽、穿工作服，不穿高跟鞋等），按操作规程操作。

③ 应急。若出现手脚划伤、挤伤、砸伤、磕碰等伤害，及时告知实习导师应急处置。

④ 课时。遵守实习作息时间，不能擅自离开岗位，不能擅自外出。实习期间原则上不准请假，无故擅离者（达到或超过实习时间 1/3），实习成绩为不及格。

⑤ 人际。与同学、指导教师相互尊重，互相学习，团结协作，共同钻研，发扬互助

互学、团结友爱的集体主义精神。

⑥ 协作。进行实习时必须事先熟悉仪器设备的性能、操作方式和注意事项，多人合作进行的项目，应事先协调好，保证作业时有条不紊。

⑦ 准备。必须仔细阅读本实习指导书，了解主要内容和对象的基本结构、工作原理，设计好记录单。学习认知拆装的方法和步骤，了解工具和场地的布局。

⑧ 分工与职责。拆装过程中需做到分工明确，如安全监护、主操、辅操、记录等职务。安全监护：利用掌握的安全常识，发现操作中的风险行为，当场提出质疑并讨论，提出纠正或者改正方法。主操：按照操作规程，进行装置的拆、装、测、绘。辅操：辅助主操人员进行零部件承运、摆置、固定、观察、清洁、工具传递、归位等。记录：对拆装全过程信息（声音、图像、视频、文字）进行记录、整理，编制拆装测绘实习记录表，分析问题，发现不足，组织讨论。角色分工在不同的拆装对象中进行轮换实习。

⑨ 清洁。拆装前应大体清理所拆部件的外表，并注意场地和人员的清洁。精密零件要妥善摆放，以免碰伤，有配合表面的应配对放置。如有安装方向性和顺序要求的零部件，拆装前均要做好记号，以免安装时出错。

⑩ 测量。在工具的选用上应尽可能使用标准或专用工具，无特殊情况尽量不使用通用工具，如活动扳手。

⑪ 整理。在每个工作时段（如上、下午）结束后，应保持现场清洁，工具和零部件摆放整洁有序，并核对工具数量，填报损毁丢失情况表。

1.3 机械拆装与测绘安全文明生产要求及操作规程

在生产过程中，按技术要求，将若干零件结合成部件或将若干部件和零件结合成合格产品的过程，称为装配。在设备修理过程中，机器或部件经过拆卸、清洗和修理后，也要进行装配。装配工作是机器设备制造或修理过程中的最后一道工序。装配工作的好坏，对产品的质量起着决定性的作用。即使零件的加工精度很高，如果装配不正确，也会使产品达不到规定的技术要求，影响设备的工作性能，甚至无法使用。在装配过程中，粗枝大叶、乱敲乱打、不按工艺要求装配，都不可能装配出合格的产品。装配质量差的设备，精度低、性能差、消耗大、寿命短，将会造成很大的浪费。总之，装配工作是一项重要而细致的工作。

简单的产品可由零件直接装配而成。复杂的产品则须先将若干零件装配成部件，称为部件装配；然后将若干部件和另外一些零件装配成完整的产品，称为总装配。产品装配完成后需要进行各种检验和试验，以保证其装配质量和使用性能，有些重要的部件装配完成后还要进行测试。

1.3.1 机械拆装与测绘安全文明生产要求

文明生产是工厂管理的一项十分重要的内容，它直接影响产品质量，影响设备和工具、夹具、量具的使用寿命，影响操作人员技能的发挥。所以从开始学习基本操作技能时，就要养成文明生产的良好习惯，具体要求如下：

① 必须接受安全文明生产教育。

② 必须听从教师指挥。

③ 在实训场地不允许说笑打闹，大声喧哗。

④ 必须在指定工位上操作，未经允许不得触动其他机械设备。

⑤ 动手操作前必须穿好工作服，不允许穿拖鞋或凉鞋进入实训场地，工作服必须整洁、袖口扎紧。女生必须戴安全帽，不允许戴戒指、手镯等。

⑥ 工具必须摆放整齐，贵重物品由专人保管负责。

⑦ 操作结束或告一段落，必须检查工具、量具，避免丢失。

⑧ 优化工作环境，创造良好的操作条件。

⑨ 按规定完成设备的维修和保养工作。

⑩ 转动部件上不得搁放物件。

⑪ 不要跨越运转的机轴。

⑫ 多人合作操作时，动作必须统一，注意安全。机械运转时，人与机械之间必须保持一定的安全距离。

⑬ 使用电动设备时，必须严格按照电动设备的安全操作规程操作。

⑭ 搬运较重零部件时，必须首先设计好方案，注意安全保护，做到万无一失。

⑮ 拆卸设备时必须遵守安全操作规则，服从指导教师的安排与监督。认真严肃操作，不得串岗操作。

⑯ 工作前必须检查手动工具是否正常，并按手动工具安全规定操作。

⑰ 使用手钻时必须用三芯或四芯的定相插座，并保证接地良好，要穿戴绝缘护具。钻孔时应戴上防护镜。

1.3.2 机械拆装与测绘技术操作规程

操作时，应牢固树立安全第一的思想，必须提高执行纪律的自觉性，严格遵守安全操作规程，具体规程如下。

① 拆装机械必须严格遵守技术操作规程，严禁野蛮拆装。

② 拆装机械必须严格按照相关技术要求操作，以保持设备的完好程度。

③ 拆下的工件及时清洗，涂防锈油并妥善保管，以防丢失。

④ 工具和零件要轻拿轻放，严禁投掷。

⑤ 严禁将锉刀、旋具等当作撬杠使用。

⑥ 严禁用锤子等硬物直接击打机械零件。锤击零件时，受击面应垫硬木、纯铜棒或尼龙 66 棒等材料。

⑦ 使用锤子时要严格检查安装的可靠性。

⑧ 工具、量具必须规范使用，并保持清洁、整齐。

⑨ 用汽油和挥发性易燃品清洗工件，周围应严禁烟火及易燃物品，油桶、油盘、回丝要集中堆放处理。

第2章 实习大纲

2.1 课程基本信息

① 课程中文名称：拆装实习。

② 课程英文名称：Practical Training Course of Disassembly and Assembly of Process Equipment。

③ 课程类别：必修。

④ 适用专业：过程装备与控制工程专业。

⑤ 先修课程：画法几何与机械制图、机械设计基础、工程材料、过程原理、过程设备设计、电子电工学、控制原理等相关课程。

⑥ 总学时：2周。

⑦ 总学分：2学分。

2.2 实践教学目标

拆装实习，是理论联系实际的实践教学形式。通过实践使学生亲身接触过程装备产品，在拆卸、测绘、组配过程装备产品的过程中，认知过程装备基本结构，掌握拆装方法与技术要求、拆装操作步骤、工具使用方法与要领，了解过程装备基本原理和创新方向；培养热爱专业、热爱未来工作的工匠精神，树立科技创新的报国情怀，扩大视野，并为后续课程的学习提供感性认识。

2.3 实践教学内容与要求

2.3.1 拆装视频教学内容与要求

拆装视频教学内容与要求如表2-1～表2-3所示。

表 2-1　视频教学（1）

序号	类型	内容	要求
1	泵拆装视频	(1)拆装任务、过程 (2)拆装工具 (3)测绘方法	(1)了解泵的构造、原理 (2)知晓拆装原则和步骤
完成指导教师布置的作业。计划时间:2 天			

表 2-2　视频教学（2）

序号	类型	内容	要求
2	换热器的拆装视频	(1)拆装任务、过程 (2)拆装工具 (3)测绘方法	(1)了解板式换热器的构造、原理 (2)知晓拆装原则和步骤
完成指导教师布置的作业。计划时间:4 天			

表 2-3　视频教学（3）

序号	类型	内容	要求
3	阀门的拆装视频	(1)拆装任务、过程 (2)拆装工具 (3)测绘方法	(1)了解阀门的构造、原理 (2)知晓拆装原则和步骤
完成指导教师布置的作业。计划时间:4 天			

2.3.2　拆装实训内容与要求

拆装实训内容与要求如表 2-4 所示。

表 2-4　拆装实训

序号	类型	内容	要求
4	拆装化工机械	(1)拆装对象的工作原理	查阅资料
		(2)拆装对象的零、部件结构	查阅资料
		(3)拆装工艺的制定、步骤或流程	绘制流程图
		(4)拆装安全与工具的使用方法	阅读和练习使用方法
		(5)分解化工机械设备零、部件结构	正确清洁、摆放零部件
		(6)测绘方法	测量并记录结构参数; 绘制三维零、部件结构图。补测结构参数
		(7)组装设备	(1)绘制设备爆炸图 (2)制定组装工艺单
完成指导教师布置的作业。计划时间:2 天			

2.3.3　生产运维视频教学内容与要求

生产运维视频教学内容与要求如表 2-5 所示。

表 2-5 生产运维视频教学

序号	类型	内容	要求
5	化工生产装备运维视频	(1)换热器的运维问题和解决方法	(1)了解运维流程 (2)理解拆装与运维的联系与区别
		(2)换热器清洗典型装置和设备工作原理	
完成指导教师布置的作业。计划时间:2天			

2.4 教学参考、教学形式与成绩评定

2.4.1 教学参考

［1］许琦. 化工机器拆装与维修［M］. 北京：化学工业出版社，2016.

［2］陈敏恒，丛德滋，方图南，等. 化工原理［M］. 3版. 北京：化学工业出版社，2006.

［3］姚慧珠，郑海泉. 化工机械制造［M］. 北京：化学工业出版社，1990.

［4］聂清德. 化工设备设计［M］. 北京：化学工业出版社，1991.

［5］邹广华，刘强. 过程装备制造与检测［M］. 北京：化学工业出版社，2019.

［6］李庄. 化工机械设备安装调试、故障诊断、维护及检修技术规范实用手册［M］. 长春：吉林电子出版社，2004.

［7］崔继哲. 化工机器与设备检修技术［M］. 北京：化学工业出版社，2000.

［8］马秉骞. 化工设备使用与维护［M］. 北京：高等教育出版社，2007.

2.4.2 教学形式

① 在指导教师和工程技术人员的指导下，现场分组教学＋实训＋视频。

② 每25人配2名教师，一名负责日常事务管理，一名负责专业辅导。

③ 实训分3大组——阀门组、泵组、换热器组，每组15～20人，再细分为5～6小组，每小组4～6人。

2.4.3 成绩评定

实习过程中和结束后，指导教师根据学生的实习笔记、实习报告的数量、质量，对学生质询的记录，抽查答辩的成绩，学生的实习态度、表现等，最后评定实习的综合成绩，同时也作为优秀实习生的评定标准（表2-6）。

其中：

① 实习态度表现及抽查问答分值占20%；

② 实习记录资料分值占40%；

③ 生产实习报告分值占40%；

④ 不及格者需补实习，补考核。

表 2-6 实习考核与评语主要内容（可按项目内容计算得分）

序号	项目	内容			评分
1	纪律	有无迟到早退，请各种假次数，离队时间累计是否超过10天	是否在实习期间临时逃课，有无擅自长期离队不归现象	有无打架斗殴，纪律管束是否失控	
2	态度表现	能否主动参观，能否坚持现场实习	能否积极配合实习	有无模范实习作用	
3	实习认知	能否勤学好问、独立或合作完成任务	能否发现问题、解决问题	能否与工人、技术人员交流，有无记录	
4	实习笔记	有无认真如实、按时完成阶段性文字记录	有无深入进行实习的知识文字记录	是否详细、有条理、整齐，内容数量是否齐全	
5	实习报告	实习笔记总结是否有深度，是否有内容	是否有认知独创性和新观点的文字论述	书写图文是否整齐，内容数量是否齐全	
6	质询抽查	抽查有无笔记抄袭	质询内容熟悉程度，问卷抽查答题得分	能否虚心请教	
7	团队精神	小组能否团结互助	能否共同克服求知困难	能否互帮互学，协助教师工作	

2.5 实习安排表

（1）教学计划表（表 2-7）

表 2-7 《拆装实习》教学计划表

地点：

时间	阀门组			泵组			换热器组		
	1组	2组	3组	1组	2组	3组	1组	2组	3组
2022.4.1									
2022.4.2									
2022.4.3									
2022.4.4									
2022.4.5									
2022.4.6									
2022.4.7									
2022.4.8									
2022.4.9									
2022.4.10									
2022.4.11									
2022.4.12									
2022.4.13									
2022.4.14									

（2）实习教学内容安排表（表 2-8）

表 2-8 《拆装实习》教学内容安排表

项目编号	项目名称	设备及项目内容	学时	实习报告主要内容
项目 1				
项目 2				
项目 3				
项目 4				
项目 5				
项目 6				
项目 7				
项目 8				
项目 9				

（3）指导老师安排表（表 2-9）

表 2-9 《拆装实习》指导老师安排表

项目	星期一		星期二		星期三		星期四		星期五	
	上午	下午	上午	下午	上午	下午	上午	下午	上午	下午
项目 1	老师 1 号	老师 2 号								
项目 2										
项目 3										
项目 4										
项目 5										
项目 6										
项目 7										
项目 8										

第3章 拆装基础知识

3.1 拆装原理

在工程中，机器拆卸一般是为了旧件测绘、再设计、修复与再制造、回收再用和再次组装。组装与拆卸互为逆过程，既要拆得开来，还要装得回去。因此，为了能够再次组装，必须事先预估机器总体拆下部件的数量和件号，合理地安排拆下部件的存放位置与空间，并记录每一个拆下部件的先后顺序、标记、装配位置关系、拆卸工具选用等内容，而后再用于组装过程的规划。否则，就会因为部件稍多或日久遗忘等造成难以装回的情况，比如拆散的闹钟（图 3-1）。

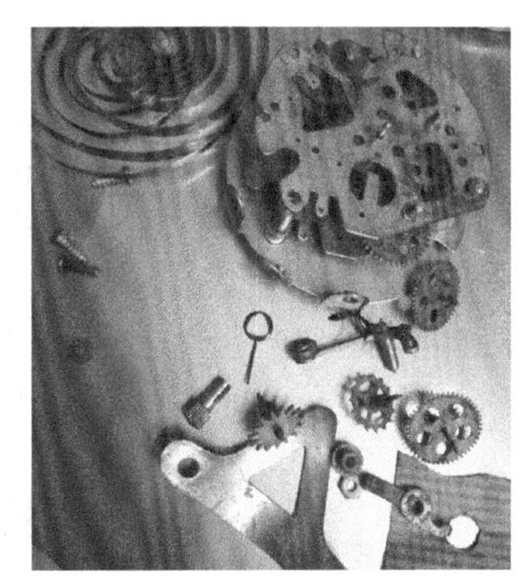

图 3-1　拆散的闹钟

从拆卸是为了再次装配的角度来看，零部件的存放和拆卸的过程记录是再次装配的重要技术文件，为日后进行运维改造奠定了基础。

为使拆装工作顺利进行，必须在拆装前仔细研究拆装设备的技术资料，认真分析设备的结构特点，熟悉各零部件的作用、相关位置关系及配合性质、连接方法。在熟悉后，确定拆装方法，选用合理的拆装工具进行拆装。

拆卸时，一般先拆易损零件、附属机件，后拆主要机件；“从上到下，从外到里”，即先拆外部、上部机件，后拆内部、下部机件；先拆完整部件，再分解部件中的零件。

装配时，应按“先拆下来的后装，后拆下来的先装”的次序进行，将零件先装配成部件或组件，再进一步进行装配。

3.1.1　拆件存放

不同于现代产品组装生产线，所有零部件的装配均按照装配制造工艺单来完成；维修、维护型的机械拆装，特别是各种原因导致结构组成不甚明了的机械，由于缺乏拆装指导信息，尤其要预先设计拆件的摆放规划。

3.1.2　拆件顺序

拆件顺序要合理。先拆机器的附属件（辅助管线、循环冷却水系统、联轴器等），后拆主机；先拆外部，后拆内部；先拆上部，后拆下部。

3.1.3　拆装记录

通过拆卸过程，密切关注未来的装配需求，除了记录件号、装配顺序、装配关系、装配基准、装配精度、拆出路线等，还要搭配拍照、录像、做记号等手段。

3.1.4　拆卸方法

对于设备拆卸工作，应根据设备零部件的结构特点，采用不同的拆卸方法。常用的拆卸方法有击卸法、拉拔法、顶压法、温差法和破坏法等。

击卸法是拆卸工作中最常用的方法，它是用锤子或其他重物对需要拆下的零部件进行冲击，从而把零件拆卸下来的一种方法。

用锤子敲击拆卸时应注意以下事项：要根据被拆卸零件的尺寸、形状及配合的牢固程度，选用恰当的锤子，且锤击时用力要适当。

必须对受击部位采取相应的保护措施，切忌用锤子直接敲击零件。一般应使用铜棒、胶木棒或木板等来保护受敲击的轴端、套端和轮辐等易变形、强度较低的零件或部位。拆卸精密或重要零部件时，还应制作专用工具加以保护，如图 3-2 所示。

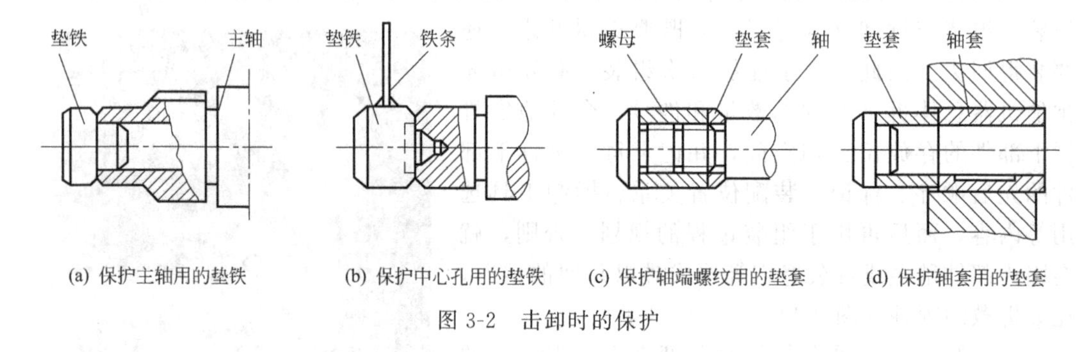

图 3-2　击卸时的保护

3.2　拆装与维修基本知识

3.2.1　常用螺纹连接件、锁止件、密封件、轴承的拆装

3.2.1.1　螺纹连接件

(1) 种类

① 按结构可分为螺钉、螺栓、螺柱、圆柱管螺纹连接件、圆锥管螺纹连接件等。

② 按螺距可分为粗牙普通螺纹连接件、细牙普通螺纹连接件和英制螺纹连接件等。

③ 按功用可分为调整和紧固两类。

(2) 用途

① 螺钉、螺栓及螺柱一般用于连接或紧固，特殊情况下也可用于调整或锁紧。

② 圆柱管螺纹连接件一般用作水管、油管及气管接头，汽车上的半轴套管也是圆柱管螺纹连接件。

③ 圆锥管螺纹连接件一般用作密封管件，如油管接头，油道、气道的堵塞等。

(3) 拆装要求

① 拆装螺栓螺母时，工具选用要正确，拆装顺序和拧紧力矩应符合规定。

② 对不同规格的螺栓螺母，拆下后应分别放置，复装时须注意螺纹的规格，用手旋

进 2～3 牙螺纹后，再用扳手拧紧。

③ 拆装螺纹连接件时不得偏斜，以免损坏螺纹。

④ 对磨损过甚的螺栓螺母应更换，以免使用中产生松动现象。

⑤ 螺栓螺母紧固后，螺栓应露出螺母端面 2～3 牙。

⑥ 禁止用锤子击打螺栓螺母，以免损坏。

⑦ 禁止螺栓螺母超力紧固，以免螺纹变形或折断螺栓。

⑧ 螺栓螺母装前须用润滑脂或润滑油涂抹一下，以防生锈及螺纹损伤。

⑨ 对调整功用的螺栓螺母应按有关技术要求操作。

⑩ 对有特殊要求的螺栓螺母，如半轴螺栓、缸盖螺栓等，禁止用普通的螺栓螺母代用；有方向要求的螺栓螺母，如连杆螺栓螺母、轮毂轴承调整螺母等，不得装反。

3.2.1.2　锁止件

(1) 种类

① 销类：锁销（气阀锁销）、开口销、横销等。

② 环类：活塞销卡环、轴承卡环、锁环等。

③ 垫类：弹簧垫圈、锥形垫圈、平垫圈、锁止垫圈等。

(2) 用途

① 锁销、开口销及横销用来锁止游动件或紧固件的相对装配位置，保证其工作性能不受影响。

② 卡环、锁环用来锁止运动件的相对装配位置，使运动件在一定位置上正常工作。

③ 弹簧垫圈用来锁紧拧紧后的螺栓螺母，以免因振动而产生松脱现象。

④ 平垫圈主要用于保护机件表面不受损坏，同时也具有一定的锁止作用。

⑤ 锥形垫圈的主要作用是将机件的工作应力分散，同时也有一定的锁止作用。

⑥ 锁止垫圈的作用是防止紧固螺母松动。

(3) 拆装要求

① 锁销装复时要到位，不能过长、过短或弯曲，不合要求应更换。

② 开口销与孔径大小应相适应，如销尾过长应适当剪掉，装复后两片都应翻卷。

③ 横销不能过细或过粗，应与孔径相适应。装配时用锤子在横销尾部轻轻敲入后，再装上弹簧垫圈及锁紧螺母，并拧紧。

④ 活塞销卡环、轴承卡环、齿轮轴锁环等均应与运动件有一定的间隙，否则运动件会将卡环或锁环挤断或挤脱，造成机械事故。

⑤ 一般的螺栓螺母都要配装弹簧垫圈和平垫圈，平垫圈与机件接触，螺栓螺母拧紧后，机件、平垫圈及弹簧垫圈之间应无缝隙。

⑥ 锥形垫圈是有特定装配位置的，如半轴螺栓。

⑦ 锁止垫圈装在机件与螺母之间，螺母按规定力矩拧紧后，应将锁片卷回来贴在螺母上，以防螺母松脱。锁止件装上后，应不影响机件的工作性能，否则应重装。

3.2.1.3　密封件

(1) 种类

① 纸质类：纸板垫、石棉纸板垫、软木垫等。

② 橡胶类：橡胶垫圈、密封胶条、橡胶密封圈、橡胶和毛毡类油封等。

③ 金属类：缸盖垫片、进排气歧管垫、排气管接口垫等。

（2）用途

① 纸板垫具有一定的伸缩性和耐油性，但耐水性与耐热性极差，且强度低。纸板垫可用于金属体较厚、结合面较平整、对温度和强度要求不高的部位，如变速器、主减速器的密封衬垫。

② 石棉纸板垫具有一定的伸缩性、阻燃耐热性，与纸板垫比强度高，但导热性差，可用于平整度较好的部位，如化油器、汽油泵、汽油滤清器等处的衬垫。

③ 软木垫质轻、柔软，具有较好的伸缩性，耐油性和耐水性也较好，可用于结合面不够平整的部位，如气阀室盖衬垫、油底壳衬垫、水道边盖衬垫、水泵衬垫等。

④ 橡胶垫柔软、弹性好，具有较好的伸缩性和一定的韧性，可用于密封要求较高、机件结合面不够平整的部位，如齿轮盖衬垫、气阀室罩衬垫、油底壳衬垫、水泵衬垫、柴油机缸套O形密封圈等。

⑤ 橡胶和毛毡类油封具有良好的耐油性、耐热性、耐磨性和使用可靠性，可作曲轴、变速器、减速器、传动轴、轮毂等部件中的高速运转件的油封。

⑥ 金属垫具有较高的耐热性、耐腐蚀性和伸缩性，并有足够的强度，可用作缸盖垫片、排气管接口垫及进排气歧管垫等。

（3）拆装要求

① 如垫片在拆装中损坏，须将机体上的残留物刮干净，新垫片装上后，应对称分几次拧紧螺栓。

② 橡胶和毛毡类油封装复时，应在油封的刃口涂一层润滑油，转动轴数圈后，再对称拧紧油封盖螺栓，使油封与轴颈保持同轴，以延长油封的使用寿命。

③ 有装配方向要求的，装复时必须按规定的方向放置，并按规定的力矩和顺序分几次拧紧螺栓。

④ 各种衬垫尽量不涂密封胶或油漆，以减小下次拆装难度。

3.2.1.4　轴承

（1）种类

常用的轴承可分为滚动轴承和滑动轴承两大类：

① 滚动轴承有深沟球轴承、推力球轴承、圆柱滚子轴承、圆锥滚子轴承和滚针轴承等。

② 滑动轴承有向心滑动轴承和推力滑动轴承。向心滑动轴承又分整体式、剖开式和锥形表面式三种。

（2）拆装要求

① 深沟球轴承须用顶拔器拆卸，装复时可用专用压具将其压入，也可用木锤、橡胶锤、铜锤或铜棒与锤子配合将其轻轻打入。注意轴承到位后切勿再敲，以免损坏。

② 转向节主销的推力球轴承可用手直接拆装，离合器分离轴承须用专用工具拆装。

③ 滚针轴承一般可用手拆装；但万向节滚针轴承须用顶拔器拆装，也可用铜棒与锤子配合进行拆装。

④ 圆柱滚子轴承须用顶拔器拉出，装复时可用压具将其压入，或用铜棒与锤子配合将其打入。

⑤ 对整体式滑动轴承（如凸轮轴轴承），可用顶拔器、压具进行拆装，对剖开式滑动轴承可用手直接拆装。

⑥ 轴承拆下后，应清除油污，检查无缺陷后再用润滑脂润滑涂覆。注意滚动轴承应

根据不同的使用要求加注不同的润滑脂。

3.2.2 机械零部件测绘

测绘步骤如下：

① 测绘前的准备工作 测绘前准备工作主要包括：了解测绘任务和测绘过程中设备、人身安全注意事项；熟悉工作台中各种测量、拆卸工具的使用和摆放位置；准备绘图工具、图纸，保持好测绘场地的清洁卫生。

② 绘制零部件草图 了解零部件名称、用途、材料、内外结构特点，采用适当表达方案画出零部件草图。由于测绘工作在现场进行，经常采用目测的方法徒手绘制零部件草图，画草图的步骤与画零部件图相同，不同之处在于目测零部件各部分的比例关系，不用绘图仪器，徒手画出各视图。为便于徒手绘图和提高工效，草图也可画在方格纸上。

③ 量注尺寸 在零部件草图中，画出应标注的尺寸界限、尺寸线及箭头。最后测量零部件尺寸，将其尺寸数字填入零部件草图中。应该把零部件上全部尺寸集中一起测量，避免错误和遗漏尺寸。

④ 绘制零部件图 由零部件草图来整理零部件工作图应注意以下方面。由于零部件草图是在现场测绘，时间有限，有些问题表示清楚即可，不一定完善。因此整理零部件工作图时，须对零部件草图进行审查校核，如表达方案的选择、尺寸标注等，须经过复查、补充、修改后，按零部件图的要求，整理成尺规图或用计算机软件绘制的零部件图。

3.2.3 化工机械及其维修保养基础常识

3.2.3.1 机械故障与检验

(1) 机械零件的失效和机械故障

机械失去工作能力称为故障，机器零件丧失规定的工作能力称为失效。机械的故障和零件的失效是分不开的。由零件正常磨损或物理化学变化引起的零件变形、断裂、蚀损等使零件失效而导致的故障，也叫作自然故障。

① 零件的磨损。这是零件失效的最主要和普遍的形式。

② 零件的变形。机器在工作过程中，由于受力的作用，使零件的尺寸和形状发生改变的现象叫变形。金属的变形包括弹性变形和塑性变形。

③ 零件的断裂。零件在外力载荷作用下，首先发生弹性形变，当载荷所引起的应力超出弹性极限而继续增加时，材料可能产生塑性形变，最后应力超过强度极限时发生断裂。

④ 蚀损零件。在循环接触应力作用下表面发生的点状剥落称为疲劳点蚀；零件受周围介质的化学及电化学作用使表层金属发生的破坏称为腐蚀；零件在温度变化和介质作用下表面产生针状孔洞，并不断扩大称为穴蚀；疲劳点蚀、腐蚀和穴蚀统称为蚀损。

(2) 机械故障的消除（修复）方法

对于人为的事故性故障的消除主要靠提高使用、管理、维修人员素质，加强责任心的方法来达到。而对自然故障则只能通过调整和修理的方法来达到，通常主要有以下一些方法。

① 主要恢复配合性质的修理方法。

调整法。调整法一般利用调整螺栓紧度或调整垫片厚度来恢复配合件原有的配合关系。修理时不用对配合件进行加工，而只用增加垫片或调整垫片厚度的方法使其恢复到原始配合间隙。

修理尺寸法。在进行修理时对配合件中较贵重零件进行机械加工恢复其几何形状，同时得到一个新的尺寸，然后将配合件中另一个磨损的零件废弃而更换一个新的与经过加工的零件相配合的零件，使该配合件的配合间隙恢复到初始间隙，如修轴、换轴瓦、修缸套、换活塞等都是。这种修理方法要考虑零件结构上能够加工的可能性和零件修理后允许的机械强度，在此前提下应尽量增加修理次数，同时为了便于备品备件的供应，其修理尺寸应加以标准化。

补充零件法（附加零件法）。此法对于配合件的每个零件均予加工整形，并对其中的一个零件给以合理的缩径或扩孔，然后在其中补充一个同样材料或质量更高的衬套，以过盈压入或螺纹拧入或焊至原零件上，然后加工至配合尺寸，使配合性质达到要求。

② 既恢复配合性质又恢复零件形状和尺寸的修理方法。

焊接修复法。金属焊接是借原子间的扩散和连接作用使分离的金属焊件牢固地结合成整体。根据焊接设备不同，焊接有气焊和电焊等。许多断裂和磨损零件多半是采用补焊和堆焊方法修复的，有些零件在焊后再经过车、磨削加工，以达到恢复原几何形状和尺寸的目的。

补铸法。滑动轴承的巴氏合金磨损到限后，将残余合金熔去，重新浇铸上新的巴氏合金的工艺过程叫作补铸法。用此法可以完全恢复旧滑动轴承的性能标准。

电镀（电刷镀、电涂镀）法。电镀是利用直流电通过电解液时发生电化学反应，实现金属在镀件表面上沉积的过程。

喷涂和喷焊。喷涂是把熔化的材料微粒用高速气流喷敷在已经准备好的粗糙零件的表面上，形成一层比较牢固的机械结合层。喷焊工艺是在喷涂工艺基础上发展起来的，它是将喷涂层再行重熔处理，而在零件表面获得一层具有类似堆焊性能的涂层。

黏接与黏补法。黏接是利用黏结剂与零件之间所起的化学、物理和机械等综合作用力来黏接零件或黏补零件的裂纹、孔洞、磨损等缺陷的一种修复工艺。

不停机堵漏技术的特点及应用。堵漏技术主要有法兰堵漏和直管或容器的堵漏，直管或容器堵漏主要有单片黏接黏堵法、夹具法、压力辅助法。

（3）机械的检验

① 零件检验。包括零件的几何精度检验，如零件尺寸、形状的检验；零件表面质量的检验，如表面粗糙度、表面损伤及其他缺陷的检验；零件的力学性能检验，如零件的强度、硬度、零件的平衡性、弹簧的刚度等的检验；零件隐藏缺陷的检验，如空洞、夹渣、微观裂纹等的检验。

② 装配检验。检验零件与零件的相对位置、配合件的间隙或过盈量；并列轴间的平衡度；前后轴间的同轴度等。

③ 整机检验。整机检验即整机技术状况的检验。整机检验内容包括机械的工作能力、动力经济性能等，检验的方法有检视法、测量法和探测法。

a. 检视法：仅凭眼看、手摸、耳听来检验和判断，简单可行，应用广泛，可分为以下几种。

目测法：对零件表面损伤如毛糙、沟槽、裂纹、刮伤、剥落（脱皮）、断裂以及零件较大和明显变形、严重磨损、表面退火和烧蚀等都通过目视或借助放大镜观察确定。还有像刚性联轴器的漆膜破裂、弹性联轴器的错位、螺纹连接和铆接密封漆膜的破裂等也可用目测判断。

敲击法：对于机壳类零件不明显的裂纹、轴承合金与底瓦的结合情况等，可通过敲击听音清脆还是沙哑来判断好坏。

比较法：用新的标准零件与被检测的零件相比较来鉴定被检零件的技术状况，如弹簧的自由长度、链条的长度、滚动轴承的质量等。

b. 测量法：用于检测零件磨损或变形后引起尺寸和形状的改变，或因疲劳而引起的技术性能（如弹性）下降等。可通过测量工具和仪器进行测量并对照允许标准，确定是继续使用，还是待修或报废。例如对滚动轴承间隙的测量、温升的测量、对齿轮磨损量的测量、对弹簧弹性大小的测量等。

c. 探测法：是对于零件的隐藏缺陷，特别是重要零件的细微缺陷的检测，对于保证修理质量和使用安全具有重要意义，必须认真进行。探测法可分为：

渗透显示法：将清洗干净的零件浸入煤油中或柴油中片刻。取出后将表面擦干，撒上一层滑石粉。然后用小锤轻击零件的非工作面，如果零件有裂纹，由于震动使浸入裂纹的油渗出，因此裂纹处的滑石粉显现黄色线痕。

荧光显示法：先将被检验零件表面洗净，用紫外线灯照射预热10min，使工件表面在紫外线灯下呈深紫色，然后用荧光显示液均匀涂在零件工作表面上，即可显示出黄绿色缺陷痕迹。

常用探测法还有：磁粉探伤检验、超声波检验、射线照相检验。主要用来测定零件内部缺陷及焊缝质量等。

④ 设备的整体检验。设备的整体检验是机械设备修竣后一次全面的质量鉴定，是保证机械设备交付使用后具有良好性能和安全可靠性等的重要环节。整体检验包括空载试运转、负荷试运转、试运转后检查等步骤。对重要设备还需要进行压力试验和致密性试验。

空载试运转。首先检查各部连接、紧固、润滑、密封、运转情况，以及试验操纵系统、调节控制系统、安全装置的动作和作用，并做适当的调整，同时检查各类仪表的指示情况是否符合规定标准。对于未进行总成性能试验的，要分步试运转，试运转中发现的故障及非正常声响、温升、跳动等未经消除不得进行负荷试验。

负荷试运转。负荷试运转是在空载试运转正常之后进行的。通过负荷试运转确定机械的动力性能、经济性能、运转状况，及操纵、调整、控制和安全装置的作用是否达到运行要求。

试运转后检查。在负荷试运转后必须对各部位有无变形、松动、过热、破损等进行积极检查，同时检查有关部位的密封性、摩擦面的接触情况等。

设备的压力试验与致密性试验。液压试验通常用来检查焊缝、连接部位的致密性和强度。一般采用水作为介质，故又称为水压试验。对于因机构原因或容器内不允许有微量残液存在的容器，以气压试验检测。对于各种储存气体或液体的压力容器，应进行焊缝致密性试验，以保证无泄漏。通常可采用气密性试验、煤油渗漏试验或氨渗透试验等方法。

3.2.3.2 简易的机器故障诊断方法

简易的机器故障诊断方法主要有听诊法、触测法和观察法等。

(1) 听诊法

设备正常运转时，伴随发生的声响总是具有一定的音律和节奏。只要熟悉和掌握这些正常的音律和节奏，通过人的听觉功能就能对比出设备是否出现了重、杂、怪、乱的异常噪声，判断设备内部是否出现松动、撞击、不平衡等隐患。用手锤敲打零件，听其是否发出破裂杂声，可判断有无裂纹产生。

(2) 触测法

用人手的触觉可以监测设备的温度、振动及间隙的变化情况。

人手上的神经纤维对温度比较敏感，可以比较准确地分辨出80℃以内的温度。当机件温度在0℃左右时，手感冰凉，若触摸时间较长会产生刺骨痛感。10℃左右时，手感较凉，但一般能忍受。20℃左右时，手感稍凉，随着接触时间延长，手感渐温。30℃左右时，手感微温，有舒适感。40℃左右时，手感较热，有微烫感觉。50℃左右时，手感较烫，若用掌心按得较久，会有汗感。60℃左右时，手感很烫，但一般可忍受10s长的时间。70℃左右时，手烫得灼痛，一般只能忍受3s长的时间，并且手的触摸处会很快变红。触摸时，应试触后再细触，以估计机件的温升情况。

用手晃动机件可以感觉出0.1～0.3mm的间隙大小。用手触摸机件可以感觉出振动的强弱变化和是否产生冲击，以及溜板的爬行情况。

用配有表面热电偶探头的温度计测量滚动轴承、滑动轴承、主轴箱、电动机等机件的表面温度，具有判断热异常位置迅速、数据准确、触测过程方便等特点。

(3) 观察法

人的视觉可以观察设备上的机件有无松动、裂纹及其他损伤等；可以检查润滑是否正常，有无干摩擦和跑、冒、滴、漏现象；可以查看油箱沉积物中金属磨粒的多少、大小及特点，以判断相关零件的磨损情况；可以监测设备运行是否正常，有无异常现象发生，可以观看设备上安装的各种反映设备工作状态的仪表，了解数据的变化情况，可以通过测量工具和直接观察表面状况，检测产品质量，判断设备工作状况。把观察到的各种信息进行综合分析，就能对设备是否存在故障、故障部位、故障的程度及故障的原因做出判断。

通过仪器，观察从设备润滑油中收集到的磨损颗粒，从而实现磨损状态监测的简易方法是磁塞法。它的原理是将带有磁性的塞头插入润滑油中，收集磨损产生的铁质磨粒，借助读数显微镜或者直接用人眼观察磨粒的大小、数量和形状特点，判断机械零件表面的磨损程度。用磁塞法可以观察出机械零件磨损后期出现的磨粒尺寸较大的情况。观察时，若发现小颗磨粒且数量较少，说明设备运转正常；若发现大颗磨粒，就要引起重视，严密注意设备运转状态；若多次连续发现大颗粒，便是即将出现故障的前兆，应立即停机检查，查找故障，进行排除。

3.2.3.3 机器密封泄漏原因及处理措施

机器密封泄漏常见的原因及处理措施见表3-1。

表3-1 机器密封泄漏常见的原因及处理措施

故障现象	发生原因	处理措施
机械密封发生振动、发热、发烟，或泄漏出磨损生成物	端面宽度过大	减小端面宽度，降低弹簧压力
	端面比压过大	降低端面比压
	动、静环面粗糙	提高端面光洁度
	摩擦副配对不当	更换动、静环，合理配对
	冷却效果不好，润滑恶化	加强冷却措施，改善润滑条件
	端面耐腐蚀、耐高温性能不良	更换耐腐蚀、耐高温的动、静环
间接性泄漏	转子轴向窜动量太大，动环来不及补偿位移	调整轴向窜动量
	泵本身操作不平稳，压力变动	稳定泵的操作压力

续表

故障现象	发生原因	处理措施
经常性泄漏	泵轴振动严重	停机检修,解决轴的窜动问题
	密封定位不准、摩擦副未贴紧	调整定位
	摩擦表面损伤或摩擦面不平	更换或研磨摩擦面
	密封圈与动环未贴紧	检查或更换密封圈
	弹簧力不够或弹簧力偏心	调整或更换弹簧
	端盖固定不正、产生偏移	调整端盖紧固螺钉至与轴垂直
严重泄漏	摩擦副损坏断裂	检查更换动、静环
	固定环发生转动	更换密封圈固定静环
	动环不能沿轴向浮动	检查弹簧力和止推环是否卡住
	弹簧断掉	换弹簧
	防转销断掉或失去作用	换防转销
停用后重新开动时泄漏	摩擦面有结焦或水垢产生	清洗密封件
	弹簧间有结晶或固体颗粒	清洗密封件
	动环或止推环卡住	调整
摩擦副表面磨损过快	弹簧力过大、端面比压过大	更换弹簧
	密封介质不清洁	加过滤装置
	弹簧压缩量过大	调整弹簧

3.3 化工机械拆装和测绘常用的工机具

3.3.1 拆装常用工具

3.3.1.1 手锤

(1) 结构与功能

手锤是机械拆卸与装配工作中的重要工具，主要用来敲击物件，由锤头和木柄两部分组成，手锤的规格按锤头重量大小来划分。一般用途的锤头用碳钢（T7）制成，并经淬火处理。木柄选用比较坚固的木材做成，常用手锤的柄长为350mm左右。

手锤按锤头形状分有圆头［图3-3(a)］、扁头［图3-3(b)］及八角头［图3-3(c)］三种，按锤头材料分有木锤、橡胶锤、铁锤、铜锤和不锈钢锤等。

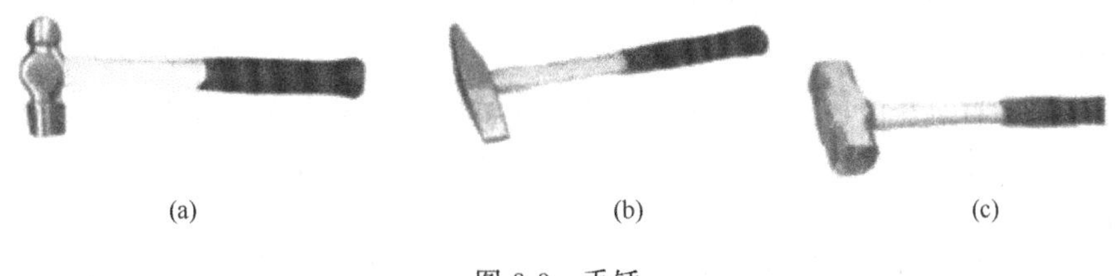

(a)　(b)　(c)

图3-3　手锤

(2) 使用要求

① 使用时，应握紧锤柄的有效部位，锤落线应与锤棒的轴线保持相切，否则易脱锤

而影响安全。

② 锤击时，眼睛应盯住锤棒的下端，以免击偏。

③ 禁止用锤子直接锤击机件，以免损坏机件。

④ 禁止使用锤柄断裂或锤头松动的锤子，以免锤头脱落伤人。

3.3.1.2　螺钉起拔器

一种用来拆卸损坏的螺钉、钻头和螺栓的工具。当螺钉头断裂或损坏到无法使用时，螺钉很难从物体上取下。钻头折断并卡在木头或金属中时也是如此。螺钉起拔器允许用户在对物体表面造成最小损坏的同时取下这些障碍物并继续进行项目工作。

3.3.1.3　扳手

扳手是利用杠杆原理拧转螺栓、螺钉、螺母和其他螺纹紧持螺栓或螺母的开口或套孔固件的手工工具。扳手通常在柄部的一端或两端有夹柄部，沿螺纹旋转方向在柄部施加外力，就能拧转螺栓或螺母，以及螺栓或螺母的开口或套孔。下面介绍几种常用的扳手。

(1) 活扳手

结构与功能：

扳手一般是用碳素结构钢或合金结构钢制成。活扳手由固定和可调两部分组成，扳手的开度大小可以调整。活扳手一般用于不同尺寸的螺栓螺母的拆装。活扳手也称活络扳手，如图 3-4 所示。

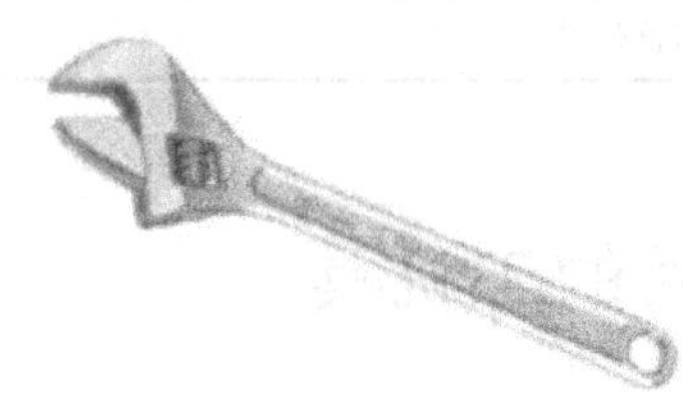

图 3-4　活扳手

使用要求：

a. 使用活扳手时，应根据螺栓螺母的尺寸先调好活扳手的开口，使之与螺栓螺母的六角一致。

b. 扳手转动时，应使固定部分承受拉力，以免损坏活动部分。

c. 扳手转动时，不准在活扳手的手柄上随意加套管或锤击。

d. 禁止将活扳手当锤子使用。

(2) 专用扳手

专用扳手是只能扳拧一种规格螺栓和螺母的扳手。它分为以下几种。

① 开口扳手。

结构与功能：

开口扳手也称呆扳手，它分为单头和双头两种，如图 3-5 所示。呆扳手的特点是使用方便，对标准规格的螺栓螺母均可使用。

使用要求：

a. 选用时它们的开口尺寸应与拧动的螺栓或螺母尺寸相适应，大拇指抵住扳头，另外四指握紧扳手柄部往身边拉扳，让固定钳口受主要作用力，切不可向外推扳，以免将手碰伤或损坏扳手。

b. 扳手转动时不准在呆扳手上任意加套管或锤击，以免损坏扳手或损伤螺栓螺母。

c. 禁止使用开口处磨损过甚的呆扳手，以免损坏螺栓螺母的六角。

d. 不能将呆扳手当撬棒使用。

e. 禁止用水或酸、碱液清洗扳手，应用煤油或柴油清洗后再涂上一层薄润滑脂保管。

f. 扳手手柄的长度不得任意接长，以免拧紧力矩太大而损坏扳手或螺栓螺母。

② 整体扳手。整体扳手有正方形、六角形、十二角形（梅花扳手）等几种，如图 3-6 所示。其中以梅花扳手应用最广泛，能在较狭窄的地方拧紧或松开螺栓（螺母）。

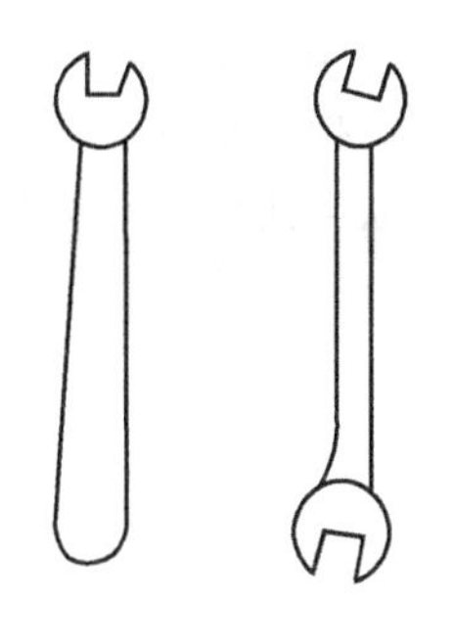

(a) 开口单头　(b) 开口双头

图 3-5　开口扳手

结构与功能：

梅花扳手的工作部位呈花环状，套住螺母扳转可使六角受力均匀。梅花扳手适应性强，扳转力大，适用于拆装所处空间狭小的螺栓螺母。对标准规格的螺栓螺母均可使用梅花扳手拆装，特别是螺栓螺母需用较大力矩拆装时，应使用梅花扳手。

使用要求：

a. 使用时，应选用合适的梅花扳手。轻力扳转时，手势与呆扳手相同；重力扳转时，四指与拇指应上下握紧扳手手柄，往身边扳转。

b. 扳转时，不准在梅花扳手上任意加套管或锤击。

c. 禁止使用内孔磨损过甚的梅花扳手。

d. 不能将梅花扳手当撬棒使用。

③ 套筒扳手。

结构与功能：

套筒扳手由一套尺寸不同的套筒和一根弓形的快速摇柄组成，对标准规格的螺栓螺母均可使用。成套的套筒扳手是由一套尺寸不等的梅花套筒组成，如图 3-7 所示。套筒扳手既适合一般部位螺栓螺母的拆装，也适合处于深凹部位和隐蔽狭小部位螺栓螺母的拆装。与接杆配合，可加快拆装速度，提高拆装质量。

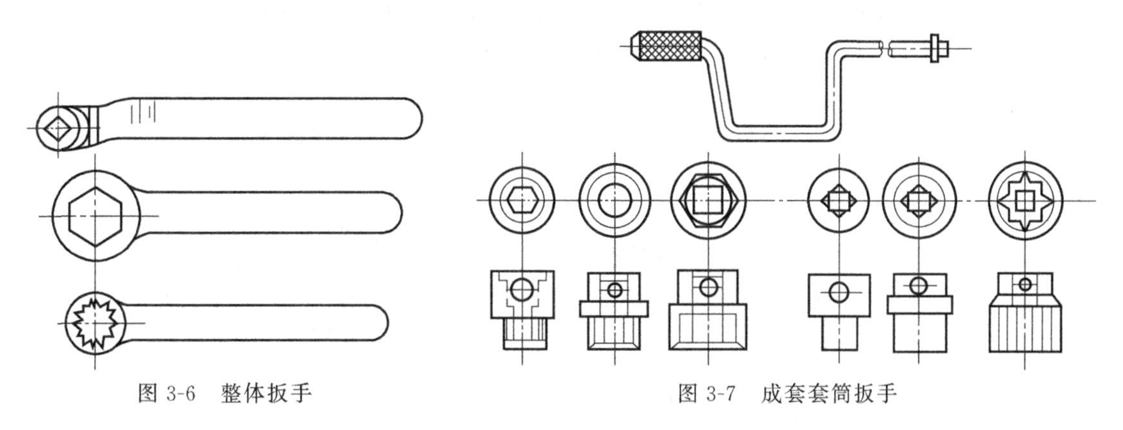

图 3-6　整体扳手　　图 3-7　成套套筒扳手

使用要求：

a. 使用时根据螺栓螺母的尺寸选好套筒，套在快速摇柄的方形端头上（视需要与长接杆或短接杆配合使用），再将套筒套住螺栓螺母，转动快速摇柄进行拆装。

b. 用棘轮手柄扳转时，不准拆装过紧的螺栓螺母，以免损坏棘轮手柄。

c. 拆装时，握快速摇柄的手切勿摇晃，以免套筒滑出或损坏螺栓螺母的六角。

d. 禁止用锤子将套筒击入变形的螺栓螺母的六角进行拆装，以免损坏套筒。

e. 禁止使用内孔磨损过甚的套筒。

④ 扭力扳手。

结构与功能：

通常使用的扭力扳手有预调式和指针式两种形式，如图 3-8 所示。一般用于有规定拧紧力矩的螺栓螺母的安装，如缸盖、曲轴主轴承盖、连杆盖等部位螺栓螺母的安装。

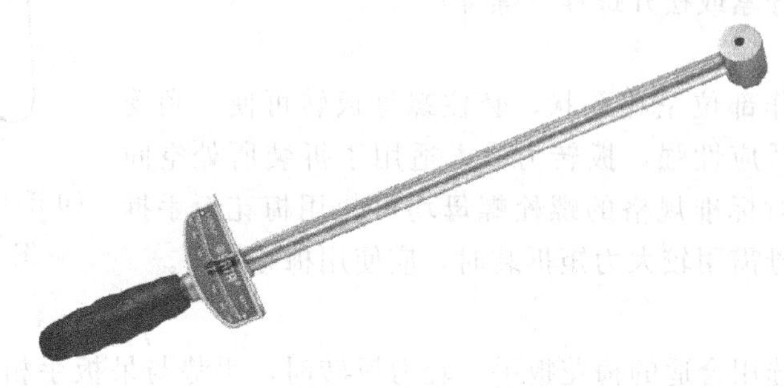

图 3-8 扭力扳手

使用要求：

a. 紧固螺栓时用左手把住套筒，右手握紧扭力扳手手柄往身边扳转。禁止往外推，以免滑脱而损伤身体。

b. 对要求拧紧力矩较大，且工件较大、螺栓数较多的螺栓螺母，应分次按一定顺序拧紧。

c. 拧紧螺栓螺母时，不能用力过猛，以免损坏螺纹。

d. 禁止使用无刻度盘或刻度线不清的扭力扳手。

e. 拆装时，禁止在扭力扳手的手柄上再加套管或用锤子锤击。

f. 扭力扳手使用后应擦净油污，妥善放置。

g. 预调式扭力扳手使用前应做好调校工作，用后应将预紧力矩调到零位。

⑤ 锁紧扳手。用来在拆装时锁紧圆螺母，有多种形式，如图 3-9 所示，应根据圆螺母的结构选用。

⑥ 内六角扳手。内六角扳手如图 3-10 所示，用于拆装内六角头螺钉。这种扳手也是成套的。

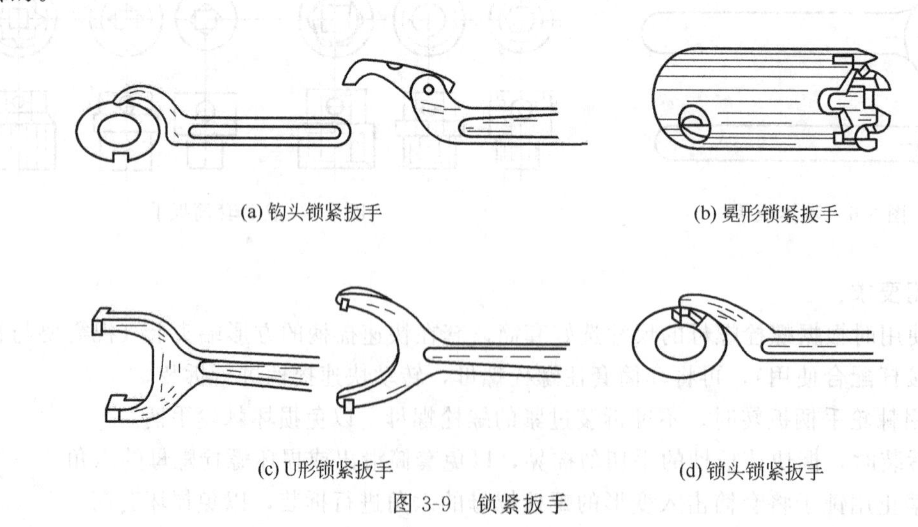

图 3-9 锁紧扳手

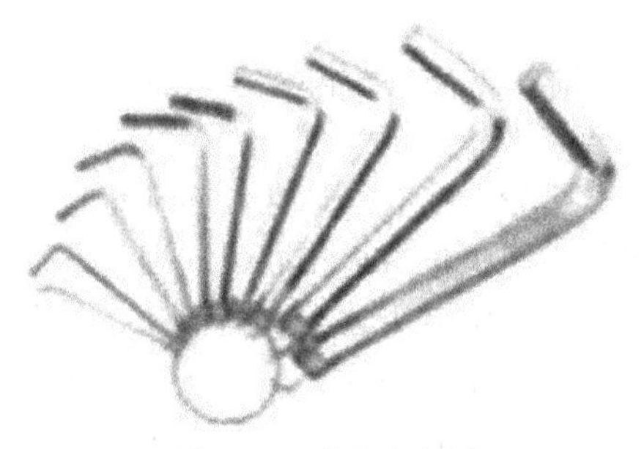

图 3-10　内六角扳手

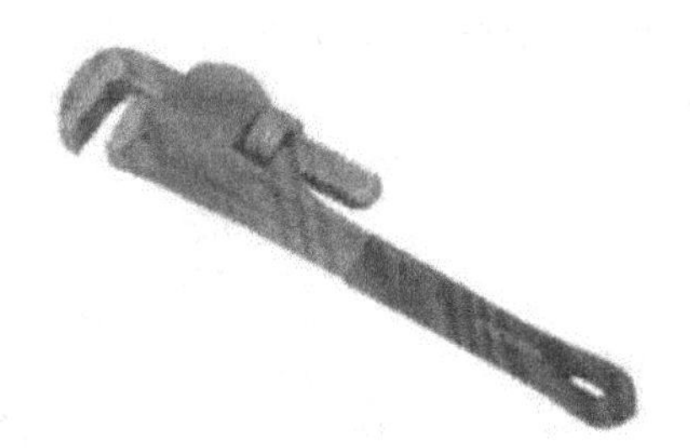

图 3-11　管子钳

3.3.1.4　钳子

（1）管子钳

结构与功能：

管子钳由固定和可调两部分组成，如图 3-11 所示，钳口有齿，以增大与工件的摩擦力，上紧调节螺母时咬牢管子，防止打滑。管子钳一般用于扳转金属管件或其他圆柱形工件。

使用要求：

a. 使用时，应根据圆柱件的尺寸预先调好管子钳的钳口，使之夹住管件，并使固定部分承受拉力，以免扳转时滑脱。

b. 管子钳使用时不得用锤子锤击，也不可将管子钳当锤子使用。

c. 禁止用管子钳拆装六角螺栓螺母，以免损坏六角。

d. 禁止用管子钳拆装精度较高的管件，以免改变工件表面的粗糙度。

e. 禁止用钳子夹持高温机件。

（2）活塞环拆装钳

结构与功能：

活塞环拆装钳是用来拆装活塞环的专用工具，其结构如图 3-12 所示。

使用要求：

a. 使用时，应将其卡入活塞环的端口，并使其与活塞环贴紧，然后握住手把，慢慢收缩，使活塞环张开，便可将活塞环从活塞环槽内取出或装入槽内。

b. 操作时不得扳转，以免滑脱损坏工具。

c. 操作时不得过快收缩手把，以免折断活塞环。

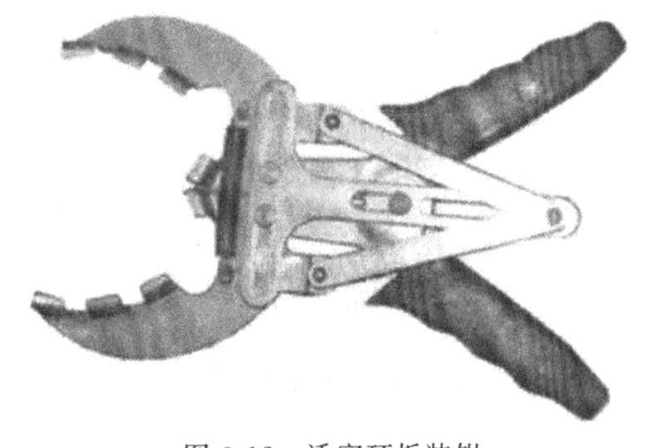

图 3-12　活塞环拆装钳

3.3.1.5　撬杠

撬杠是用 45 钢或 50 钢制成的杠子，用于撬动物体，以便对其搬运或调整位置。使用时，撬杠的支撑点应稳固，对有些物体撬动时，也应防止被撬杠损伤。

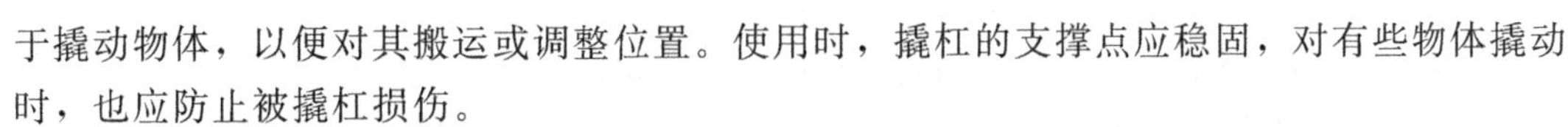

3.3.1.6　通心螺丝刀

通心螺丝刀是一种当旋杆和旋柄装配时，旋杆非工作端一直装到旋柄尾部的螺丝刀。主要用来装上和卸下螺钉，有时也用来检查机械设备是否故障。

3.3.1.7 扒轮器

扒轮器也称拉马，如图 3-13 所示，用于滚动轴承、带轮、齿轮、联轴器等轴上零件的拆卸。

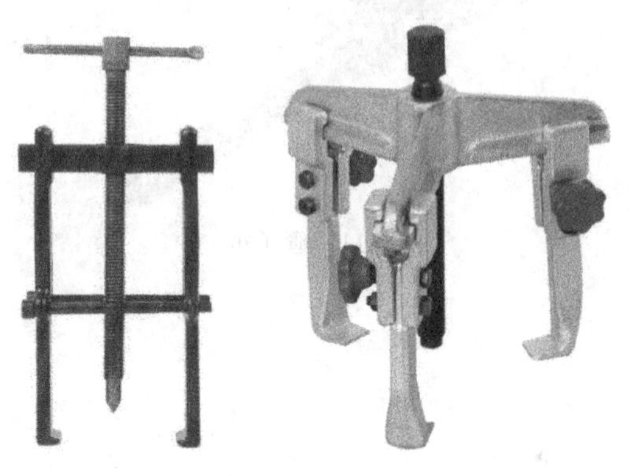

图 3-13 扒轮器

扒轮器在有爆炸性气体环境中，为防止操作中产生机械火花而引起爆炸，应采用防爆工具。防爆用錾子、圆头锤、八角锤、呆扳手、梅花扳手等，是用铬青铜或铝青铜等铜合金制造的，且铜合金的防爆性能必须合格。铬青铜工具的硬度不低于 35HRC，铝青铜工具的硬度不低于 25HRC。

3.3.1.8 火花塞套筒

结构与功能：

火花塞套筒属薄壁长套筒，为火花塞的专用拆装工具，如图 3-14 所示。

使用要求：

a. 使用时，根据火花塞的装配位置和火花塞六角的尺寸，应选用不同高度和径向尺寸的火花塞套筒。

b. 拆装火花塞时，应套正火花塞套筒再扳转，以免套筒滑脱。

c. 扳转火花塞套筒时，不准随意加长手柄，以免损坏套筒。

3.3.1.9 螺钉旋具

结构与功能：

螺钉旋具俗称起子，常用的有一字形和十字形两种，如图 3-15 所示。螺钉旋具有木柄和塑料柄之分，木柄螺钉旋具又分为普通式和穿心式两种，后者能承受较大的转矩，并可在尾部做适当的敲击。塑料柄螺钉旋具具有良好的绝缘性能，适于电工使用。

图 3-14 火花塞套筒

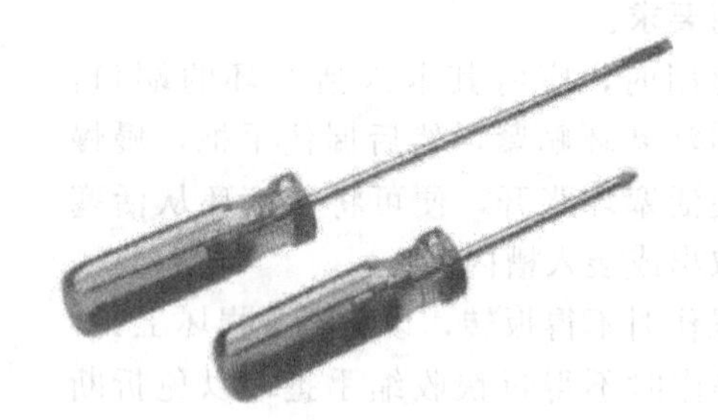

图 3-15 起子

使用要求：

a. 应根据螺钉形状、大小选用合适的螺钉旋具。

b. 使用时螺钉旋具不可偏斜，扭转的同时施加一定压力，以免旋具滑脱。

c. 使用时手心应顶住柄端，并用手指旋转旋具手柄。如使用较长的螺钉旋具，左手应把住旋具的前端。

d. 螺钉旋具或工件上有油污时应擦净后再用。

e. 禁止将螺钉旋具当撬棒或錾子使用。

3.3.1.10　铜棒

结构与功能：

铜棒用较软的金属铜制成，其功能是避免锤子与机件直接接触，保护机件在拆装中不受损伤。

使用要求：

a. 不准将铜棒当撬棒使用，以免弯曲。

b. 不准推磨铜棒，以免损坏。

c. 禁止将铜棒加温后使用，以免改变其材料性质。

3.3.2　测绘常用量具

零部件的测绘就是依据实际零部件测量出它的尺寸，画出它的图形。化工机械拆装零部件测绘的目的是通过测绘，掌握测绘的基本方法和步骤，正确使用测绘工具，对一些机械的内部结构有形象直观的了解，了解每个零部件的形状以及大概尺寸，并能根据实际测绘的尺寸绘制出零部件和机械装配图。

如图 3-16 所示，测量尺寸的简单工具有直尺［图 3-16(a)］、外卡钳［图 3-16(b)］和内卡钳［图 3-16(c)］；测量较精密的零部件时，要用游标卡尺（数显游标卡尺）［图 3-16(d)］、千分尺［图 3-16(e)］或其他精密量具。

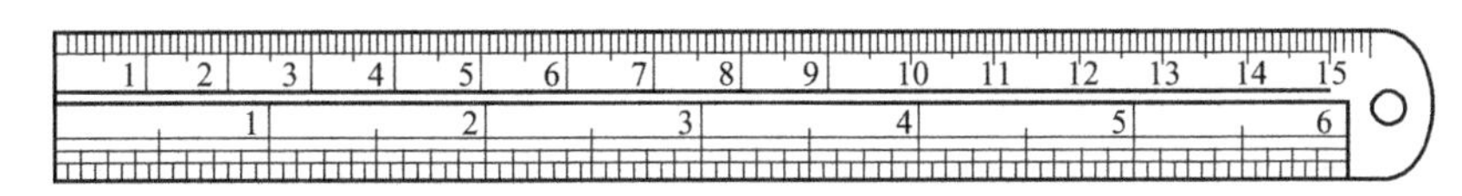

(a)

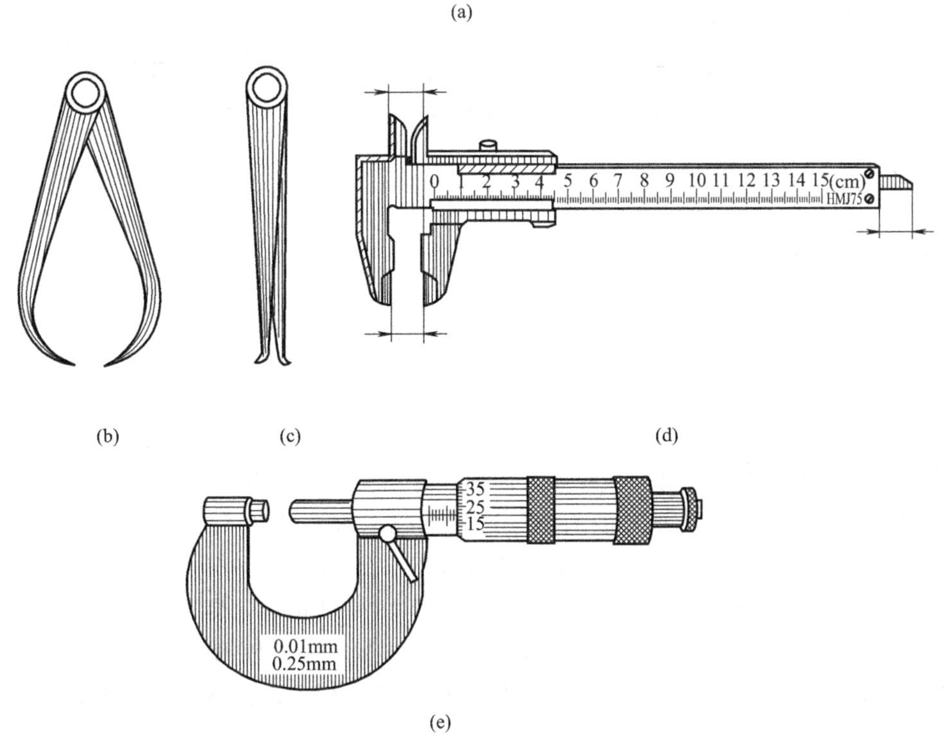

(b)　(c)　(d)

(e)

图 3-16　测量用具

(1) 金属直尺

金属直尺是一种最简单的测量长度而直接读数的量具，用薄钢板制成，如图 3-17 所示。常用它粗测工件的长度、宽度和厚度。

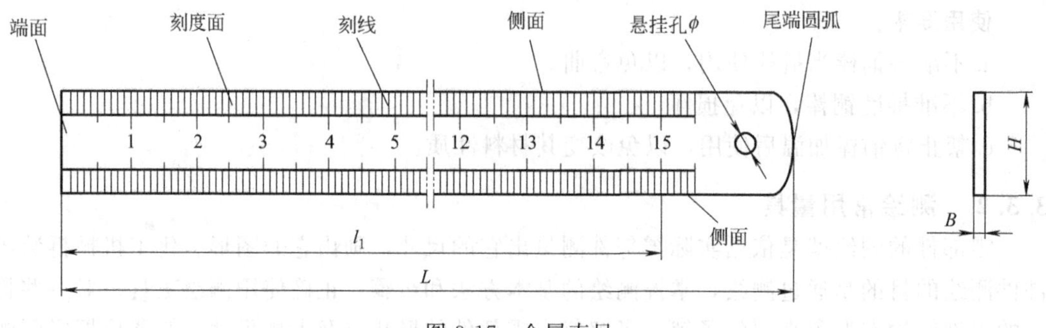

图 3-17 金属直尺

(2) 游标卡尺

游标卡尺是一种较精密的量具，能较精确地测量工件的长度、宽度、深度及内外圆直径等尺寸。它由尺身、游标、外测量爪、刀口形内测量爪、深度尺、紧固螺钉等组成，如图 3-18 所示。

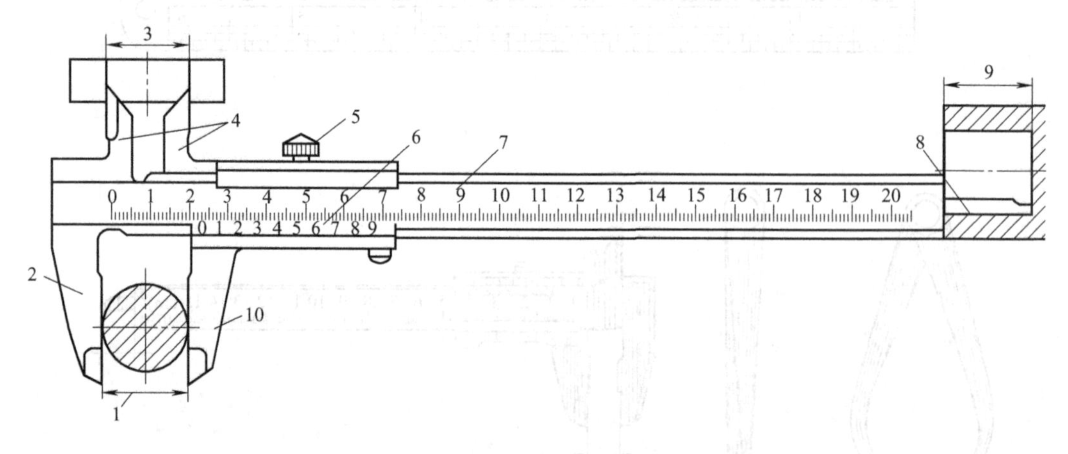

图 3-18 游标卡尺

1—测量外表面；2,10—外测量爪；3—测量内表面；4—刀口形内测量爪；5—紧固螺钉；6—游标；7—尺身；8—深度尺；9—测量深度

内、外固定测量爪与尺身制成一体，而内、外活动测量爪和深度尺与游标制成一体，并且可以在尺身上滑动。尺身上的刻度每格为 1mm，游标上的刻度每格不足 1mm。当内、外测量爪合拢时，尺身与游标上的零线应该相重合；在内、外测量爪分开时，尺身与游标上的刻线相对错动。测量时，根据尺身与游标的错动情况，即可以在尺身上读出以 mm 为单位的整数，在游标上读出以 mm 为单位的小数。为了使测量好的尺寸不致变动，可以拧紧紧固螺钉，使游标不再滑动。不同分度值的游标卡尺的刻线原理和读数方法见表 3-2。

表 3-2　游标卡尺的刻线原理和读数方法

分度值/mm	刻线原理	读数方法及示例
0.1	尺身 1 格＝1mm，游标 1 格＝0.9mm，共 10 格，尺身、游标每格之差＝(1－0.9)mm＝0.1mm 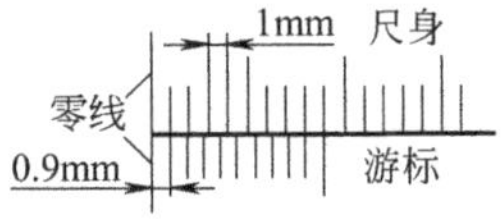 1mm　尺身　零线　0.9mm　游标	读数＝游标 0 刻线指示的尺身整数＋游标与尺身重合线数×分度值 示例： 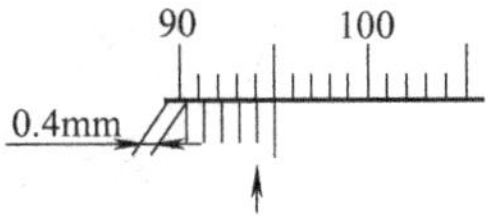 90　100　0.4mm 读数=(90+4×0.1)mm=90.4mm
0.05	尺身 1 格＝1mm，游标 1 格＝0.95mm，共 20 格，尺身、游标每格之差＝(1－0.95)mm＝0.05mm 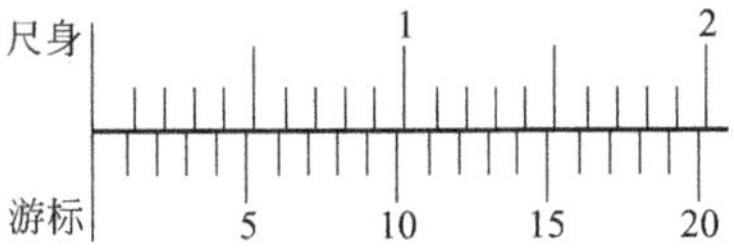 尺身　1　2 游标　5　10　15　20	读数＝游标 0 刻线指示的尺身整数＋游标与尺身重合线数×分度值 示例： 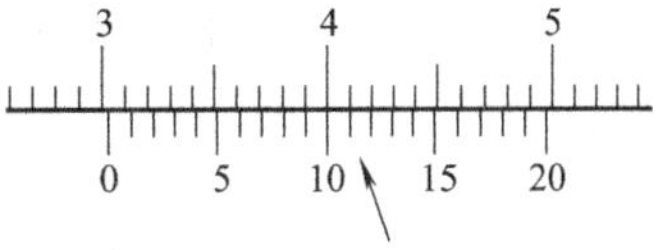 3　4　5 0　5　10　15　20 读数=(30+11×0.05)mm=30.55mm
0.02	尺身 1 格＝1mm，游标 1 格＝0.98mm，共 50 格，尺身、游标每格之差＝(1－0.98)mm＝0.02mm 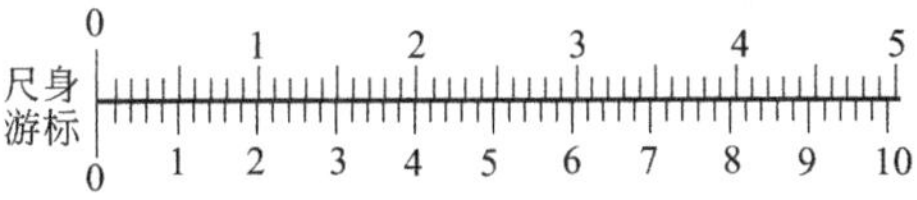 尺身　0　1　2　3　4　5 游标　0　1　2　3　4　5　6　7　8　9　10	读数＝游标 0 刻线指示的尺身整数＋游标与尺身重合线数×分度值 示例： 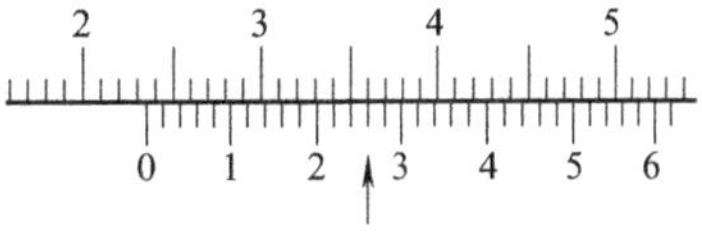 2　3　4　5 0　1　2　3　4　5　6 读数=(23+13×0.02)mm=23.26mm

(3) 千分尺

千分尺是比游标卡尺更为精确的一种精密量具，其测量精度可以达到 0.01mm，按用途不同可分为外径千分尺、内径千分尺、深度千分尺和螺纹千分尺等。

① 外径千分尺的构造：外径千分尺（图 3-19）是用来测量工件外部尺寸的量具，由尺架、测砧、测微螺杆、螺纹轴套、固定套管、微分筒、调节螺母、测力装置、锁紧装置、隔热装置等组成。

② 刻线原理：千分尺利用螺旋副传动原理，借助测微螺杆与螺纹轴套的精密配合，将回转运动变为直线运动，从固定套管和微分筒（相当于游标卡尺的尺身和游标）所组成的读数机构读得被测工件的尺寸。

固定套管外面有尺寸刻线，上、下刻线每一格为 1mm，相邻刻线间的距离为 0.5mm。测微螺杆后端有精密螺纹，螺距是 0.5mm，当微分筒旋转一周时，测微螺杆和微分筒一同前进（或后退）0.5mm。同时，微分筒就遮住（或露出）固定套管上的一条

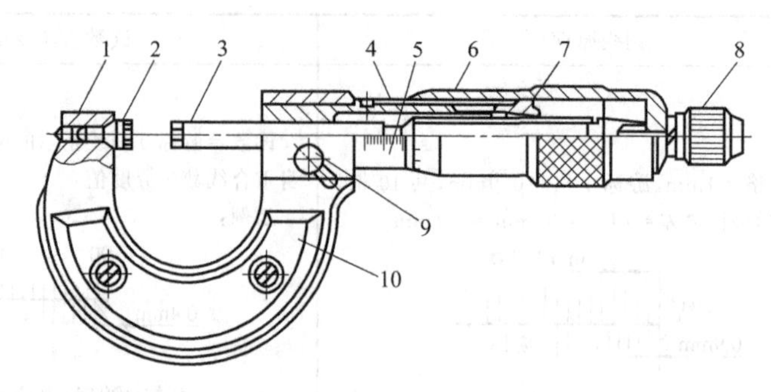

图 3-19　外径千分尺的结构

1—尺架；2—测砧；3—测微螺杆；4—螺纹轴套；5—固定套管；6—微分筒；
7—调节螺母；8—测力装置；9—锁紧装置；10—隔热装置

刻线。在微分筒圆锥面上，一周等分成 50 条刻线，当微分筒旋转一格，即一周的 1/50 时，测微螺杆就移动 0.01 mm，故千分尺的分度值为 0.01mm。

③ 读数方法：先读固定套管上的整数（mm）和半整数（0.5mm）；再看微分筒上第几条刻线与固定套管的基线对正，即有几个 0.01mm；将两个读数相加就是被测量工件的尺寸。

图 3-20 为千分尺的刻度和读数示意图。在图中，固定套管上露出来的数值是 4.50mm，主轴刻度基线对齐到微分筒上第 40 刻线与第 41 刻线之间位置，数值为 40.8。这时，千分尺的正确读数应该为 4.50mm＋40.8×0.01mm＝4.908mm。

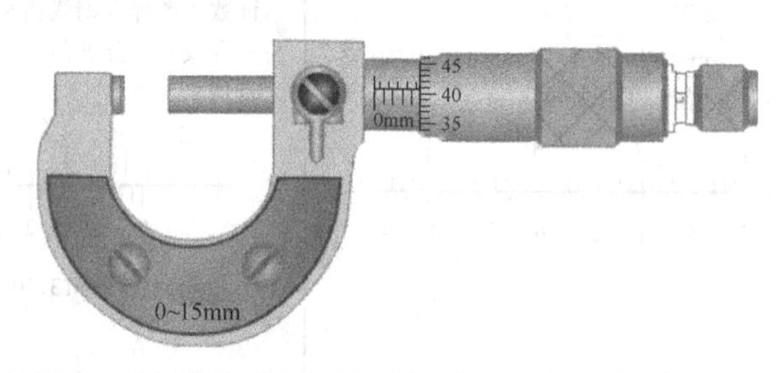

图 3-20　千分尺的刻度和读数示意图

3.4　常用润滑剂及机械设备的清洁工作

3.4.1　润滑剂

常用润滑剂有 L-AN 全损耗系统用油（GB/T 443—1989）、钙基润滑脂（GB/T 491—2008）、二硫化钼润滑材料（MoS_2 润滑脂、MoS_2 复合钙基润滑脂、MoS_2 复合铝基润滑脂）、石墨润滑剂。

（1）润滑材料的分类及其应用

凡是能够在相对运动的、相互作用的表面间起到抑制摩擦、减少磨损作用的物质，都可以算作润滑材料。润滑材料通常可分为四类：

① 气体润滑材料，如气体轴承中使用的空气、氮气、二氧化碳等。

② 液体润滑材料，如各种动、植物油及矿物油，乳化液及水等。近年来性能优异的合成润滑油发展很快。

③ 塑性体及半流体润滑材料，如动物脂、矿物润滑脂以及近年来试制的半流体润滑脂等。

④ 固体润滑材料，如石墨、二硫化钼、二硫化钨、氮化硼及四氟乙烯等塑料基或金属基自润滑复合材料等。

气体润滑材料目前主要用于航空、航天及某些精密仪表的气体静压轴承。在液体及塑性体润滑材料中，矿物润滑油及矿物油稠化而制得的润滑脂应用最广，原因是来源稳定而且价格低廉。动、植物油脂主要用作润滑油脂的添加剂和用于某些有特殊要求的润滑部位。乳化液主要用于机械加工和冷轧带材时的冷却润滑。而水只用于胶木等某些塑料轴瓦的冷却润滑。固体润滑材料是一种新型的很有发展前途的润滑材料，可以单独使用或作润滑油脂的添加剂。

(2) 机械设备润滑的方式

机械设备通常采用稀油润滑和干油润滑两种方式。

稀油润滑采用矿物润滑油（简称润滑油）作为润滑材料。在下列情况下通常采取稀油润滑：

① 除减少摩擦和磨损外，摩擦表面尚需排除由摩擦产生的热或位于高温区吸收的大量热量。

② 摩擦表面能实现液体摩擦。

③ 能实现紧密密封的齿轮传动和轴承。

④ 摩擦表面除润滑外尚需冲洗保持清洁。

⑤ 其他由于结构上的原因难以实现干油润滑的情况。

干油润滑采用润滑脂作为润滑材料。在下列情况下采取干油润滑：

① 低速下工作，经常逆转或重复短时工作的重负荷滑动轴承。

② 工作环境潮湿或灰尘较多、必须保护摩擦表面不落入氧化铁皮和水且难以密封的轴承或导轨。

③ 长期停止工作无法形成润滑油膜的滚动轴承。

④ 长期正常工作而不需经常更换润滑脂的密封的滚动轴承。

除了上述两种主要润滑方式外，摩擦机件在高温、高压、高速的工作条件下，当矿物润滑油和润滑脂都不能正常工作时，则采用固体润滑材料，采用合成树脂布胶的轴承，可以用水进行润滑和冷却。

3.4.2 机械设备的清洗和除污

(1) 设备的外部清洗

设备在保养或维修前，均需要清除外部尘土、油污、泥沙等脏物。外部清洗一般采用1～10MPa压力的冷水进行冲洗；对于密度较大的厚层污物，可以加入适量的化学清洗剂并提高喷射压力和温度。

(2) 零部件表面油污的清洗

可用清洗液如下：

① 碱性化合物清洗液：它是碱或碱性盐的水溶液。其除油机理主要靠皂化和乳化

作用。油类有动植物油和矿物油两大类。前者和碱性化合物溶液可发生皂化作用生成肥皂和甘油而溶解于水中；矿物油在碱性溶液中不能溶解，清洗时需利用乳化剂，加入碱性化合物溶液中，使油脂形成乳浊液而脱离零件表面。常用的乳化剂是肥皂和水玻璃等。

碱液清洗时，一般将溶液加热到80～90℃。零件除油后，需用热水冲洗，以去掉表面残留的碱液，防止零件被腐蚀。

② 化学合成水基金属清洗剂：化学合成水基金属清洗剂是以表面活性剂为主的合成洗涤剂，有些加有碱性电解液，以提高表面活性剂的活性，并加入磷酸盐、硅酸盐等缓蚀剂。表面活性物质能显著地降低液体的表面张力，增加润湿能力，其类型有离子型和非离子型两种。

化学合成水基金属清洗剂溶液清洗油污时，要根据油污的类别、污垢的厚薄和密实程度、金属性质、清洗温度、经济性等因素综合考虑，需选择不同的配方。合成洗涤剂温度在80℃左右清洗效果较好。需要短期保存的零件，用含硅酸盐的合成洗涤剂清洗后不需进行辅助的防腐处理。

③ 有机溶剂：常见的有机溶剂有煤油、轻柴油、汽油、三氯乙烯、丙酮和酒精等。有机溶剂清除油污是以溶解污物为基础的。由于溶剂表面张力小，能够很好地使被清除表面润湿并迅速渗透到污物的微孔和裂隙中，然后借助喷、刷等方法将油污去掉。

有机溶剂对金属无损伤，可溶解各类油、脂，清洗时一般不需加热，使用简便，清洗效果好。但有机类清洗液多数为易燃物，清洗成本高，主要适用于精密零件的清洗。目前使用最多的有机溶剂为煤油、轻柴油和汽油。

（3）零件表面其他污物的清除

① 清除积炭。积炭是由于燃料燃烧不完全，并在高温作用下形成的一种由胶质、沥青质、焦油质和炭质等组成的复杂混合物。通常采用化学法并辅以机械法清除。

化学法是用称为退炭剂的化学溶液浸泡带积炭的零件，使积炭被溶解或软化，然后辅以洗、擦等办法将积炭清除。

退炭剂一般由积炭溶剂、稀释剂、活性剂和缓蚀剂等组成。积炭溶剂是能够溶解积炭的物质，常用的有苯酚、焦酸、油酸钾、苛性钠、磷酸三钠、氢氧化铵等。稀释剂用以稀释溶剂、降低成本，有机退炭剂常用煤油、汽油、松节油、二氯乙烯、乙醇作稀释剂，无机退炭剂用水作稀释剂。常用的活性剂有钾皂和三乙醇胺。常用的缓蚀剂有硅酸盐、铬酸盐和重铬酸盐，它们的含量占退炭剂的0.1%～0.5%。

② 清除水垢。在机械的冷却系统中，长期使用含有可溶性钙盐、镁盐较多的硬水后，在冷却器及管道内壁上会沉积一层黄白色的水垢，水垢的主要成分是碳酸盐、硫酸盐，有些还含有二氧化硅等。水垢的热导率为钢的1/20～1/50，严重影响冷却系统的正常工作，必须定期清除。清除水垢的化学清洗液可根据水垢成分和零件的金属材料选用。

a.清洗钢铁零件上的水垢：对含碳酸钙和硫酸钙较多的水垢，首先用8%～10%的盐酸溶液，加入3～4g/L的乌洛托品缓蚀剂，并加热至50～80℃，处理50～70min。然后取出零件或放出清洗液，再用浓度为5g/L的重铬酸钾溶液清洗一遍；或再用浓度5%的苛性钠水溶液注入水套内，中和其中残留的酸溶液，最后用清水冲洗干净。

对含硅酸盐较多的水垢，首先用2%～3%的苛性钠溶液进行处理，温度控制在30℃左右，浸泡8～10h，放出清洗液，再用热水冲洗几次，洗净零件表面残留的碱质。

用3%～5%的磷酸三钠溶液，能清洗任何成分的水垢，溶液温度为60～80℃，处理后用清水冲洗干净。

b. 清洗铝合金零件上的水垢：清洗液可采用下述配方：将磷酸100g注入1L水中，再加入50g铬酐，并仔细搅拌均匀，在30℃左右的温度下浸泡30～60min后，用清水冲洗，最后用温度为80～100℃的、重铬酸钾含量为0.3%的水溶液清洗。

③ 除锈。设备的各种金属零件，由于与大气中的氧、水分等发生化学与电化学作用，表面生成一层腐蚀产物，通常称为生锈或锈蚀。这些腐蚀产物主要是金属氧化物、水合物和碳酸盐等。Fe_2O_3 及其水合物是铁锈的主要成分。根据具体情况，除锈时可采用机械方法、化学方法或电化学方法。

机械除锈：它是利用机械的摩擦、切削等作用清除锈层的，常用的方法有刷、磨、抛光、喷砂等。可依靠人力用钢丝刷、刮刀、砂布等刷、刮或打磨锈蚀层，也可用电动机或风动机作动力带动各种除锈工具清除锈层，如磨光、刷光、抛光和滚光等。

化学除锈：它是利用金属的氧化物容易在酸中溶解的性质，用一些酸性溶液清除锈层，主要使用的有硫酸、盐酸、磷酸或几种酸的混合溶液，并加入少量缓蚀剂。因为溶液属酸性，故又称酸洗。

在酸洗过程中，除氧化物的溶解外，钢铁零件本身还会和酸反应，因此有铁的溶解与氢的产生和析出。而氢原子的体积非常小，易扩散到钢铁内部，造成相当大的内应力，从而使零件的韧性降低，脆性及硬度提高，这种现象称为氢脆。在酸液中加入石油磺酸钡或乌洛托品等缓蚀剂，能在清洁的钢铁表面吸附成膜，阻止零件表面金属的再腐蚀，并防止氢的侵入。

现介绍几种除锈配方：

a. 硫酸液除锈。对于钢铁零件，用密度为1.84g/cm^3 的硫酸65mL，溶于1L水中，加入缓蚀剂3～4g；或每升水中加入密度为1.84g/cm^3 的硫酸200g。对于铜及其合金零件，采取每升水中加入密度为1.84g/cm^3 的硫酸100～150mL。稀释硫酸时，切记“必须把硫酸缓缓倒入水中，并不断搅拌”，绝不能把水倒入硫酸中。

b. 盐酸溶液除锈。对于钢铁零件，用密度为1.19g/cm^3 的盐酸，在室温（20℃左右）条件下酸洗30～60s。对于铜及其合金零件，在1L水中加3～10g缓蚀剂，与1L盐酸混合后在室温条件下使用。

c. 磷酸溶液除锈。采用80℃的、浓度为2%的磷酸水溶液清洗，洗后不用水冲洗，在钢铁表面生成一层磷酸铁。磷酸铁能防止零件继续腐蚀，能和漆层良好地结合。此法主要用于油漆、喷塑等涂装前除锈，但不适用于电镀前除锈。

d. 对锈蚀不十分严重、精密度较高的中小型零件，可采用磷酸8.5%、铬酐15%、水76.5%的溶液在85～95℃温度下清洗20～60min。

电化学除锈：又称电解腐蚀或电解浸蚀除锈，分为阳极除锈法和阴极除锈法两种。

阳极除锈是将锈蚀件作阳极，用镍、铅作阴极，置于硫酸溶液中，通电后依靠阳极金属的溶解和阳极表面析出氧气的搅动作用而除锈。常用电解液配方为：水1L；硫酸（密度为1.84g/cm^3）5～10g；硫酸亚铁200～300g；硫酸镁50～60g。阳极电流密度为

$5\sim10A/dm^3$，电解液温度为20～60℃。阳极除锈容易浸蚀过度，只适用于外形简单的零件。

阴极除锈是把零件作阴极，铅或铅锑合金作阳极，通电后主要靠大量析出的氢把氧化铁还原，即氢对氧化铁膜的机械剥离作用来清除金属锈层。阴极除锈无过蚀问题，但氢容易渗入金属中产生氢脆。电解液中加入铅或锡的离子后可克服氢脆问题。阴极除锈常用电解液配方为：水1L；硫酸44～50g；盐酸25～30g；食盐20～22g。阴极电流密度为$7\sim10A/dm^3$，电解液温度为60～70℃。

第 4 章 泵的拆装

4.1 教学目的

① 熟悉和认知离心泵主要零部件构造和特点，理解工作原理。

② 认知拆装设备、工具、量具，掌握正确操作与使用方法。

③ 重点学习并认知拆装测绘工艺，理解拆装测绘工艺编制方法。

④ 重点培养和锻炼零部件与整机测绘、三维重建能力。在拆装测绘工艺中，重点学习过程单元设备各零部件及其相互间的连接关系、组配顺序、精度设计、拆装方法和步骤及注意事项；观察和分析装备构造，理解制造过程与运维过程的区别与联系；正确分解零部件，选择合适的量具测量装配尺寸，正确绘制零部件，正确标注装配尺寸。

⑤ 了解安全操作常识，熟悉零部件拆装后的正确放置、分类及清洗方法，培养良好的工作和生产习惯。

⑥ 锻炼和培养动手能力。在拆、装、测、绘过程中，充分发挥学习主观能动作用，做到“任务清晰、职责到人、细心观察、积极动手、放开思维、勤于思考、善于采集、真实记录、虚心请教、勇于交流、及时总结”，在有限时间里，使诸方面的能力得到锻炼。

⑦ 职业素质养成目标要求：培养认真负责的工作态度和一丝不苟的工作作风，培养创新精神和实践能力，培养独立分析问题和解决问题的能力。

4.2 工具与器材

① 拆装对象：泵。

② 拆装工具：扳手（图 4-1）等。

③ 工艺文件：拆装工艺卡、记录单（表 4-1）。

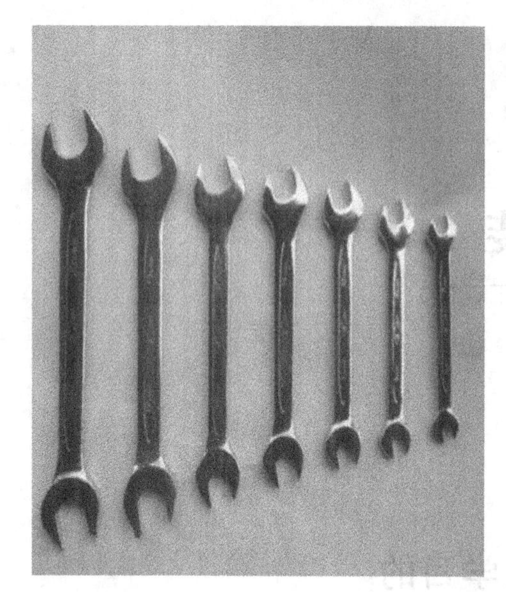

编号	规格	总长H	头部A	头部B	柄部C	重量/kg	厚度I	厚度O
0040-0106	6mm	109mm	18mm	11.6mm	8mm	0.03	5.8mm	7.8mm
0040-0107	7mm	109mm	18mm	11.6mm	8mm	0.03	5.8mm	7.8mm
0040-0108	8mm	118mm	21mm	13.5mm	8.5mm	0.034	6mm	8mm
0040-0109	9mm	125mm	22.5mm	14.5mm	9mm	0.037	6mm	8mm
0040-0110	10mm	136mm	24.5mm	16mm	10mm	0.044	6.3mm	8.3mm
0040-0111	11mm	147mm	25.5mm	17.2mm	10.5mm	0.054	6.3mm	8.3mm
0040-0112	12mm	158mm	27.5mm	18.5mm	11.5mm	0.067	6.5mm	8.7mm
0040-0113	13mm	170mm	29mm	20mm	12mm	0.073	6.5mm	8.7mm
0040-0114	14mm	181mm	31.5mm	21.5mm	13mm	0.08	7mm	9.2mm
0040-0115	15mm	195mm	33mm	23mm	13.5mm	0.105	7mm	9.2mm
0040-0116	16mm	207mm	35mm	24.5mm	14mm	0.108	7mm	9.2mm
0040-0117	17mm	214mm	37mm	25.5mm	14.5mm	0.11	7.4mm	9.7mm
0040-0118	18mm	225mm	38.5mm	27mm	15mm	0.15	7.4mm	9.7mm
0040-0119	19mm	238mm	40mm	28.5mm	15.7mm	0.18	8mm	10.7mm
0040-0120	20mm	260mm	43mm	31.5mm	16.8mm	0.2	8mm	10.7mm
0040-0121	21mm	260mm	43mm	31.5mm	16.8mm	0.2	8mm	10.7mm
0040-0122	22mm	280mm	44.5mm	33mm	18.7mm	0.24	8.7mm	11.7mm
0040-0123	23mm	280mm	44.5mm	33mm	18.7mm	0.24	8.7mm	11.7mm
0040-0124	24mm	300mm	48mm	35.5mm	20mm	0.32	9.3mm	12.8mm
0040-0125	25mm	300mm	48mm	35.5mm	20mm	0.32	9.3mm	12.8mm
0040-0126	26mm	320mm	54mm	38.5mm	22mm	0.42	9.8mm	13.3mm
0040-0127	27mm	320mm	54mm	38.5mm	22mm	0.42	9.8mm	13.3mm
0040-0128	28mm	320mm	54mm	38.5mm	22mm	0.42	9.8mm	13.3mm
0040-0129	29mm	342mm	59mm	43mm	23mm	0.48	10.3mm	13.8mm
0040-0130	30mm	342mm	59mm	43mm	23mm	0.48	10.3mm	13.8mm
0040-0131	31mm	370mm	63.5mm	45.5mm	24mm	0.58	10.8mm	14.3mm
0040-0132	32mm	370mm	63.5mm	45.5mm	24mm	0.58	10.8mm	14.3mm

图 4-1 扳手及其规格

表 4-1 拆装工艺卡、记录单

<table>
<tr><td rowspan="2" colspan="3">拆卸工艺过程卡片</td><td>产品型号</td><td></td><td>部件图号</td><td></td></tr>
<tr><td>产品名称</td><td></td><td>部件名称</td><td></td></tr>
<tr><td>工序号</td><td>工序名称</td><td>工序内容</td><td>拆装部门</td><td>设备及工艺装备</td><td>辅助材料</td><td>工时定额</td></tr>
<tr><td></td><td></td><td></td><td></td><td></td><td></td><td></td></tr>
<tr><td></td><td></td><td></td><td></td><td></td><td></td><td></td></tr>
<tr><td></td><td></td><td></td><td></td><td></td><td></td><td></td></tr>
<tr><td></td><td></td><td></td><td></td><td></td><td></td><td></td></tr>
<tr><td></td><td></td><td></td><td></td><td></td><td></td><td></td></tr>
<tr><td></td><td></td><td></td><td></td><td></td><td></td><td></td></tr>
<tr><td></td><td></td><td></td><td></td><td></td><td></td><td></td></tr>
<tr><td></td><td></td><td></td><td></td><td></td><td></td><td></td></tr>
<tr><td></td><td></td><td></td><td></td><td></td><td></td><td></td></tr>
<tr><td></td><td></td><td></td><td></td><td></td><td></td><td></td></tr>
<tr><td></td><td></td><td></td><td></td><td></td><td></td><td></td></tr>
<tr><td></td><td></td><td></td><td></td><td></td><td></td><td></td></tr>
<tr><td></td><td></td><td></td><td></td><td></td><td></td><td></td></tr>
<tr><td></td><td></td><td></td><td></td><td></td><td></td><td></td></tr>
<tr><td></td><td></td><td></td><td></td><td></td><td></td><td></td></tr>
</table>

续表

装配工艺过程卡片			产品型号		部件图号	
			产品名称		部件名称	
工序号	工序名称	工序内容	拆装部门	设备及工艺装备	辅助材料	工时定额

④ 辅助材料：润滑油。

石油化工用泵在运行中，由于石油化工介质、水以及其他物质可能窜入油箱内，影响泵的正常运行，因此，要经常检查润滑剂的质量和油位。检查润滑剂的质量，可用肉眼观察和定期取样分析；润滑油的油量，可从油位标记上看出。

新泵投用一周后应换油一次，大修时换了轴承的泵也是这样。因为新的轴承和轴运行跑合时有异物进入油内，必须换油，以后每季换油一次。泵所用的润滑脂和润滑油，要符合质量要求。

⑤ 安全防护用品：手套、防油袖套、卫生纸。

⑥ 记录工具：智能手机，HB铅笔。

⑦ 观察工具：放大镜。

⑧ 测量工具：直尺、游标卡尺、螺旋测微器。

4.3 基本构造与工作原理

如图4-2和图4-3所示，泵工作时，泵中的液体在叶片的扒动下随叶轮一起回转，液体自叶轮进口向叶轮外周甩出，在此过程中液体的动能和压力能都得到增加，其中前者增加更大；当液体流入蜗壳后，因蜗壳的截面积逐渐增大，液体的动能大部分在这里转化成了压力能，然后沿排出管排出，与此同时，在叶轮中心形成一定的真空，液体在液面大气压力的作用下，沿吸入管不断地进入叶轮。

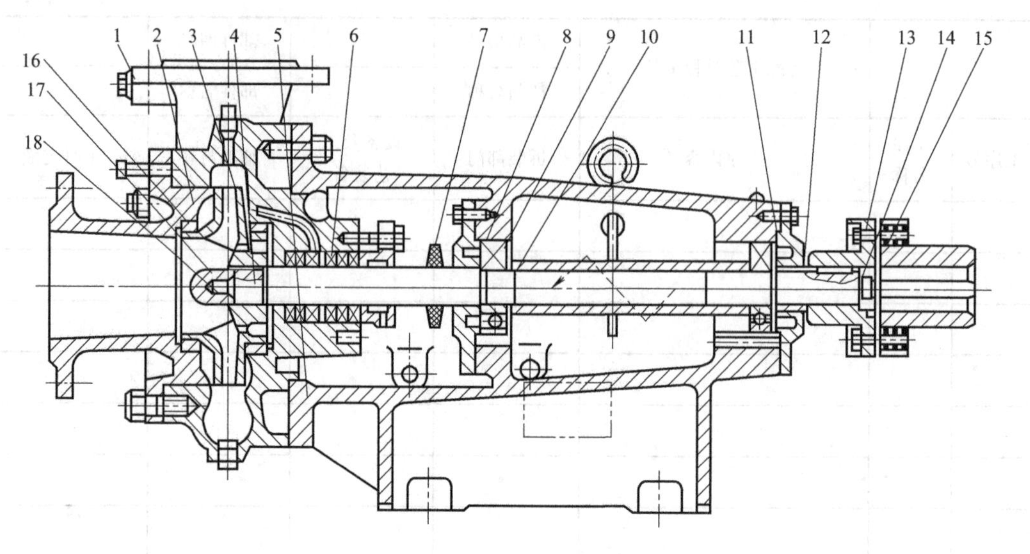

图 4-2　单级单吸离心泵结构

1—泵体；2—泵盖；3—叶轮；4—泵轴；5—托架；6—轴封；7—挡水环；8,11—挡油圈；9—轴承；10—定位套；12—挡套；13—联轴器；14—止退垫圈；15—小圈螺母；16—密封环；17—叶轮螺母；18—垫圈

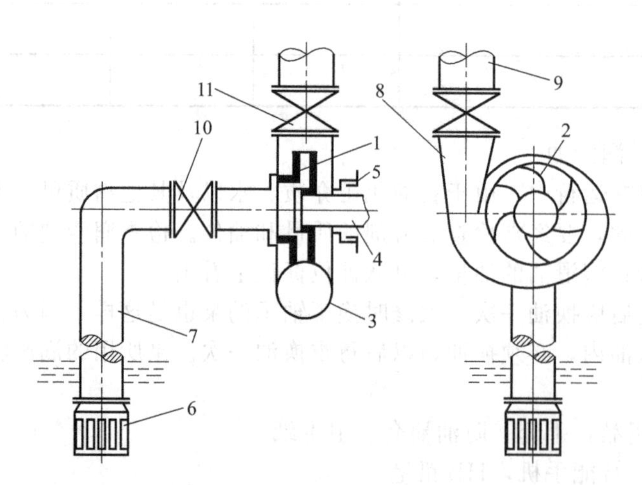

图 4-3　离心泵的工作原理

1—叶轮；2—叶片；3—泵壳；4—泵轴；5—填料筒；6—底阀；7—吸入管；8—扩散管；9—排出管；10—吸入阀；11—排出阀

4.4　泵的零部件拆装

4.4.1　机座螺栓的拆卸

机座螺栓位于离心泵的最下方，最易受酸、碱的腐蚀或氧化锈蚀。长期使用会使得机座螺栓难以拆卸。因而，在拆卸时，除选用合适的扳手外，应该先用手锤对螺栓进行敲击振动，使锈蚀层松脱开裂，以便于机座螺栓的拆卸。

机座螺栓拆卸完之后，应将整台离心泵移到平整宽敞的地方，以便于进行解体。

4.4.2 泵壳的拆卸

拆卸泵壳时，首先将泵壳盖与泵壳的连接螺栓松开拆除，将泵盖拆下。在拆卸时，泵盖与泵壳之间的密封垫，有时会出现黏结现象，这时可用手锤敲击通心螺丝刀，使螺丝刀的刀口部分进入密封垫，将泵盖与泵壳分离开来。然后，用专用扳手卡住前端的轴头螺母(也叫叶轮背帽)。沿离心泵叶轮的旋转方向拆除螺母，并用双手将叶轮从轴上拉出。最后，拆除泵壳与泵体的连接螺栓，将泵壳沿轴向与泵体分离。在泵壳拆除过程中，应将其后端的填料压盖松开，拆出填料，以免拆下泵壳时，增加滑动阻力。

4.4.3 泵轴的拆卸

要把泵轴拆卸下来，必须先将轴组（包括泵轴、滑动轴承及其防松装置）从泵体中拆卸下来。为此，须按下面的程序来进行。

① 拆下泵轴后端的大螺母，用拉力器将离心泵的半联轴器拉下来，并且用通心螺丝刀或錾子将平键冲下来。

② 拆卸轴承压盖螺栓，并把轴承压盖拆除。

③ 用手将叶轮端的轴头螺母拧紧在轴上，并用手敲击螺母，使轴向后端退出泵体。

④ 拆除防松垫片的锁紧装置，用锁紧扳手拆卸滚动轴承的圆形螺母，并取下防松垫片。

⑤ 用拉力器或压力机将滚动轴承从泵体上拆卸下来。

有时滚动轴承的内环与泵轴配合，由于过盈量太大，出现难以拆卸的情况，这时可以采用热拆法进行拆卸。

4.4.4 联轴器的拆装

小机泵联轴器主要有刚性联轴器和齿形联轴器。

刚性联轴器：刚性联轴器一般用在功率较小的离心泵上，检修时首先拆下连接螺栓和橡胶弹性圈，对温度不高的液体，两联轴器的平面间隙为2.2～4.2mm，温度较高时，应大于前窜量1.55～2.05mm。联轴器橡胶弹性圈比穿孔直径应小0.15～0.35mm。同时拆装时一定要用专用工具，保持光洁，不允许有碰伤划伤。

齿形联轴器：齿形联轴器挠性较好，有自动对中功能。检修时一般按以下方法进行。

① 检查联轴器齿面啮合情况，其接触面积沿齿高不小于50%，沿齿宽不小于70%，齿面不得有严重点蚀、磨损和裂纹。

② 联轴器外齿圈全圆跳动不大于0.03mm，端面圆跳动不大于0.02mm。须拆下齿圈时，必须用专用工具，不可敲打，以免使轴弯曲或损伤。回装时，应将齿圈加热到200℃左右再装到轴上。外齿圈与轴的过盈量一般为0.01～0.03mm。

联轴器安装要求：

① 半联轴器与轴配合为H7/js6。

② 联轴器两端面轴向间隙一般为2～6mm。

③ 安装齿式联轴器应保证外齿在内齿宽的中间部位。

④ 安装弹性圈柱销联轴器时，其弹性圈与柱销应为过盈配合，并有一定紧力。弹性圈与联轴器孔的直径间隙为0.4～0.6mm。

⑤ 联轴器的对中要求值应符合表4-2要求。

表 4-2　联轴器对中要求

联轴器形式	径向允差/mm	端面允差/mm
刚性	0.06	0.04
弹性圈柱销式	0.08	0.06
齿式		
叠片式	0.15	0.10

⑥ 联轴器对中检查时，调整垫片每组不得超过 4 块。

⑦ 热油泵预热升温正常后，应校核联轴器对中。

⑧ 对叠片联轴器做宏观检查。

4.4.5　轴承的拆装

（1）滑动轴承

① 轴承与轴承压盖的过盈量为 0～0.04mm（轴承衬为球面的除外），下轴承衬与轴承座接触应均匀，接触面积达 60%以上，轴承衬不许加垫片。

② 更换轴承时，轴颈与下轴承接触角为 60°～90°，接触面积应均匀，接触点不少于 2～3 点/cm^2。

③ 轴承合金层与轴承衬应结合牢固，合金层表面不得有气孔、夹渣、裂纹、剥离等缺陷。

④ 轴承顶部间隙值应符合表 4-3 要求。

表 4-3　轴承顶部间隙

单位：mm

轴径	间隙	轴径	间隙
18～30	0.07～0.12	＞80～120	0.14～0.22
＞30～50	0.08～0.15	＞120～180	0.16～0.26
＞50～80	0.10～0.18		

⑤ 轴承侧间隙在水平中分面上的数值为顶部间隙的一半。

（2）滚动轴承

① 承受轴向和径向载荷的滚动轴承与轴配合为 H7/js6。

② 仅承受径向载荷的滚动轴承与轴配合为 H7/k6。

③ 滚动轴承外圈与轴承箱内壁配合为 Js7/h6。

④ 凡轴向止推采用滚动轴承的泵，其滚动轴承外圈的轴向间隙应有 0.02～0.06mm。

⑤ 滚动轴承拆装时，采用热装的温度不超过 100℃，严禁直接用火焰加热。

⑥ 滚动轴承的滚动体与滚道表面应无腐蚀、坑疤与斑点，接触平滑无杂音。

4.4.6　密封结构的拆装

（1）机械密封

① 压盖与轴套的直径间隙为 0.75～1.00mm，压盖与密封腔间的垫片厚度为 1～2mm。

② 密封压盖与静环密封圈接触部位的表面粗糙度为 $Ra \leqslant 3.2\mu m$。

③ 安装机械密封部位的轴或轴套，表面不得有锈斑、裂纹等缺陷，表面粗糙度 $Ra \leqslant 1.6\mu m$。

④ 静环尾部的防转槽根部与防转销顶部应保持 1～2mm 的轴向间隙。

⑤ 弹簧压缩后的工作长度应符合设计要求，其偏差为±2mm。

⑥ 机械密封并圈弹簧的旋向应与泵轴的旋转方向相反。

⑦ 压盖螺栓应均匀上紧，防止压盖端面偏斜。

(2) 填料密封

① 封油环与轴套的直径间隙一般为 1.00～1.50mm。

② 封油环与填料箱的直径间隙为 0.15～0.20mm。

③ 填料压盖与轴套的直径间隙为 0.75～1.00mm。

④ 填料压盖与填料箱的直径间隙为 0.10～0.30mm。

⑤ 填料底套与轴套的直径间隙为 0.70～1.00mm。

⑥ 减压环与轴套的直径间隙为 0.50～1.20mm。

⑦ 填料环的外径应比填料粒孔径小 0.30～0.50mm，内径比轴径大 0.10～0.20mm。切口角度一般与轴向成 45°。

⑧ 安装时，相邻两道填料的切口至少应错开 90°。

⑨ 密封介质泄漏不得超过下列要求：机械密封，轻质油 10 滴/min，重质油 5 滴/min；填料密封，轻质油 20 滴/min，重质油 10 滴/min；对于易燃易爆的介质，不允许有明显可见的泄漏。

(3) 填料压盖的预紧

当选择好适用的填料后，还要说明的是在订购填料时，可以按照泵轴的直径和填料盒的外径模压成型，按照填料开口相错 45°或 90°交替压进填料盒，最后压扣上填料压盖。但也可以在现场进行长填料绳的剪断，剪断时必须斜于 45°切出；每道填料安装时，切断口用透明胶带纸固定好，每道切口也必须 45°或 90°交错安装，最后压扣填料压盖。扣压盖时必须保证压盖端面与轴垂直。填料压盖与轴套直径间隙为 0.75～1.00mm，其外径与填料盒间隙为 0.1～0.15mm。对容易汽化的泵，开启后应再次进行热压紧。

(4) 动密封部分

动密封是指叶轮口环部位的间隙，一般在半径方向应控制在 0.20～0.45mm。若间隙太小，组装后盘车困难；间隙太大，容易造成泵的振动。轴套和衬环间隙在半径方向一般为 0.20～0.60mm。

(5) 静密封部分

静密封部分包括泵体剖分结合面、轴承压盖与轴承箱体的结合面，润滑油系统的接头，进出口管的法兰等。如检修不能保证无泄漏，也同样使泵不能运行。上述部位的密封，只要根据介质选准适用的胶黏剂和垫片，即能保证无泄漏。现一般使用的剖分结合面胶黏剂为南大 703、南大 704。

4.4.7 转子的拆装

对于多级泵，转子组装时其轴套、叶轮、平衡盘端面跳动须达到技术要求，必要时研磨修刮配合端面。组装后对各部件之间的相对位置须做好标记，然后进行动平衡校验，校验合格后转子解体。各部件按标记进行回装。

(1) 壳体口环与叶轮口环、中间托瓦与中间轴套的直径间隙

壳体口环与叶轮口环、中间托瓦与中间轴套的直径间隙值应符合表 4-4 的要求。

表 4-4　口环、中间托瓦、中间轴套配合间隙　　单位：mm

泵类	口环直径	壳体口环与叶轮口环间隙	中间托瓦与中间轴套间隙
冷油泵	<100	0.40～0.60	0.30～0.40
	≥100	0.60～0.70	0.40～0.50
热油泵	<100	0.60～0.80	0.40～0.60
	≥100	0.80～1.00	0.60～0.70

(2) 转子与泵体组装后要求

测定转子总轴向窜量，转子定中心时应取总窜量的一半；对于两端支承的热油泵，入口的轴向间隙应比出口的轴向间隙大 0.50～1.00mm。

4.5 拆卸分解

4.5.1 工艺步骤

泵的拆卸步骤应从拆下吐出侧的轴承部件开始，其顺序大致如下：

① 拧下吐出侧轴承压盖上的螺栓和吐出段、填料函体、轴承体三个件之间的连接螺母，卸下轴承部件；

② 拧下轴上的圆螺母，依次卸下轴承内圈、轴承压盖和挡套后，卸下填料体（包括填料压盖、填料环和填料等）；

③ 依次卸下轴上的O形密封圈、轴套、平衡盘和键后，卸下吐出段（包括末级导叶、平衡环等）；

④ 卸下末级叶轮和键后，卸下中段（包括导叶），按同样方法继续卸下其余各级的叶轮、中段和导叶，直到卸下首级叶轮为止；

⑤ 拧下吸水段与轴承体的连接螺母和轴承压盖上的螺栓后，卸下轴承部件（在这之前应先将泵联轴器卸下）；

⑥ 将轴从吸入段中抽出，拧下轴上的固定螺母，依次将轴承内圈、O形密封圈、轴套和挡套等卸下。

至此拆卸工作基本完成，但在上述拆卸过程中，还有部分零件是相互连接在一起的，一般情况下拧下连接螺栓或螺母后可卸下。

4.5.2 注意事项

① 拆卸时应严格保护零件的制造精度不受损伤；

② 拆卸穿杆的同时应将各中段用垫子垫起，以免各中段止口松动下沉将轴压弯；

③ 将泵壳内的液体放掉；

④ 轴承部件用稀油润滑时应将润滑油放掉；

⑤ 拆去妨碍拆卸的附属管路，如平衡管、水封管等管路和引线。

4.5.3 拆出零部件的处置

(1) 清洗

① 刮去叶轮内外表面及密封环和轴承等处所积存的水垢及铁锈等物，再用水或压缩空气清洗、吹净。

② 清洗水泵壳体各接合表面上积存的油垢和铁锈。

③ 清洗水封管并检查管内是否畅通。

④ 清洗轴瓦及轴承，除去油垢，再清洗油圈及油面计等，滚珠轴承应用汽油清洗，泵轴用煤油清洗。

⑤ 暂时不进行装配的零、部件，在清洗后都应涂油保护。

⑥ 防止零件的腐蚀，对精密零件不允许有任何程度的腐蚀。当水泵零件清洗后需停放一段时间时，应考虑清洗液的防锈能力或考虑其他防锈措施。

（2）摆放

为了便于观察拆卸零部件的结构并统计数量，需要将零部件摆放到事先设计的位置。

根据拆卸顺序，可将泵以中心轴为中线划分，中线以上附属零件摆放在上方，中线以下附属零件摆放在下方，主体零件按照顺序摆放在中间，并对零件的位置和名称一一做好标记和记录。

（3）数量统计

对拆卸的所有零部件进行记录，并填写拆装过程记录表。

4.5.4 零件的检查及校正

① 检查全部零件的磨损情况，对不能确保正常运转的零件应更换新的；

② 检查泵轴是否有灰尘或生锈，用千分表检查轴的适宜度（轴的径向跳动值不大于8级精度）；

③ 当密封间隙超过推荐值最大值的50%时，应更换密封元件。

4.6 测量与测绘

根据具体拆装需求进行关键零部件的测绘，其中测量器材、测量方法、测量要点、测量步骤等根据需求在3.3节中查阅，并做好测绘记录表（表4-5）。

表4-5 测绘记录表

<table>
<tr><td colspan="2">测量项目</td><td>第1次</td><td>第2次</td><td>第3次</td><td>第4次</td><td>第5次</td><td>第6次</td><td>平均值</td></tr>
<tr><td rowspan="2">装配参数的测量</td><td>拆卸前</td><td></td><td></td><td></td><td></td><td></td><td></td><td></td></tr>
<tr><td>组装后</td><td></td><td></td><td></td><td></td><td></td><td></td><td></td></tr>
<tr><td rowspan="3">形态参数的测量</td><td></td><td></td><td></td><td></td><td></td><td></td><td></td><td></td></tr>
<tr><td></td><td></td><td></td><td></td><td></td><td></td><td></td><td></td></tr>
<tr><td></td><td></td><td></td><td></td><td></td><td></td><td></td><td></td></tr>
<tr><td colspan="2">测量器材</td><td colspan="7"></td></tr>
<tr><td colspan="2">测量方法</td><td colspan="7"></td></tr>
<tr><td colspan="2">测量要点</td><td colspan="7"></td></tr>
<tr><td colspan="2">测量步骤</td><td colspan="7"></td></tr>
</table>

4.7 再装配组合

泵的装配顺序按拆卸顺序反向进行。

本型泵装配质量的好坏直接影响泵能否正常运行，并影响泵的使用寿命和性能参数；影响机组的振动和噪声。装配中应注意以下几点：

① 固定部分各零件组合后的同心度靠零件制造精度和装配质量来保证，应保护零件的加工精度和表面粗糙度，不允许磕碰、划伤。作密封剂用的二硫化钼应干净，紧固用的螺钉、螺栓应受力均匀。

② 叶轮出口流道与导叶进口流道的对中性是依靠各零件的轴向尺寸来保证。流道对中性的好坏直接影响泵的性能，故泵的尺寸不能随意调整。

③ 泵装配完毕后，未装填料前，用手转动泵转子，检查转子在壳体内旋转是否灵活，轴向窜动量是否达到规定要求。

④ 上述检查符合要求后，在泵两端轴封处加入填料，注意填料环在填料室中的位置。

4.8 实习记录内容

① 拆装过程测量参数记录（表 4-6）

表 4-6 泵的拆装过程记录表

<table>
<tr><td rowspan="2">拆件数量</td><td>零件</td><td colspan="10"></td></tr>
<tr><td>部件</td><td colspan="10"></td></tr>
<tr><td colspan="2">零部件有无丢失</td><td colspan="10"></td></tr>
<tr><td colspan="2">零部件有无损坏</td><td colspan="10"></td></tr>
<tr><td colspan="2">有无装配不上的情况</td><td colspan="10"></td></tr>
<tr><td colspan="2">拆装步骤出错情况</td><td colspan="10"></td></tr>
<tr><td colspan="2" rowspan="2">拆装速度</td><td>第 1 次</td><td>第 2 次</td><td>第 3 次</td><td>第 4 次</td><td>第 5 次</td><td>第 6 次</td><td>第 7 次</td><td>第 8 次</td><td>第 9 次</td><td>第 10 次</td></tr>
<tr><td></td><td></td><td></td><td></td><td></td><td></td><td></td><td></td><td></td><td></td></tr>
</table>

② 拆装过程照片记录。

4.9 作业

① 完成拆装零件的测绘图。

② 完成实习报告。

4.10 实习报告模板

实习报告模板如表 4-7 所示。

表 4-7 《拆装实习》报告

实验实训序号：　　　　　　　　　　　　　　　　　　　　实验实训项目名称：

学号		姓名		专业、班级	
实验地点		指导教师		时间	
一、实习目的 二、实习设备 三、实习内容及心得					
教师评语 签名： 日期：				成绩	

第5章 板式换热器的拆装

5.1 教学目的

① 熟悉和认知板式换热器的主要零部件构造和特点，理解工作原理。

② 认知拆装设备、工具、量具，掌握正确操作与使用方法。

③ 重点学习并认知拆装测绘工艺，理解拆装测绘工艺编制方法。

④ 重点培养和锻炼零部件与整机测绘、三维重建能力。在拆装测绘工艺中，重点学习过程单元设备各零部件及其相互间的连接关系、组配顺序、精度设计、拆装方法和步骤及注意事项；观察和分析装备构造，理解制造过程与运维过程的区别与联系；正确分解零部件，选择合适的量具测量装配尺寸，正确绘制零部件，正确标注装配尺寸。

⑤ 了解安全操作常识，熟悉零部件拆装后的正确放置、分类及清洗方法，培养良好的工作和生产习惯。

⑥ 锻炼和培养动手能力。在拆、装、测、绘过程中，充分发挥学习主观能动作用，做到“任务清晰、职责到人、细心观察、积极动手、放开思维、勤于思考、善于采集、真实记录、虚心请教、勇于交流、及时总结”，在有限的时间里，使各方面的能力得到锻炼。

⑦ 职业素质养成目标要求：培养认真负责的工作态度和一丝不苟的工作作风，培养创新精神和实践能力，培养独立分析问题和解决问题的能力。

5.2 工具与器材

① 拆装对象：板式换热器。

② 拆装工具：扳手（图 4-1）等。

③ 工艺文件：拆装工艺卡、记录单（表 5-1）。

④ 辅助材料：401 号黏结剂。

⑤ 安全防护用品：手套、防油袖套、卫生纸。

⑥ 记录工具：智能手机，HB 铅笔。

⑦ 观察工具：放大镜。

⑧ 测量工具：直尺，游标卡尺。

表 5-1　拆装工艺卡、记录单

拆卸工艺过程卡片			产品型号		部件图号	
			产品名称		部件名称	
工序号	工序名称	工序内容	拆装部门	设备及工艺装备	辅助材料	工时定额
装配工艺过程卡片			产品型号		部件图号	
			产品名称		部件名称	
工序号	工序名称	工序内容	拆装部门	设备及工艺装备	辅助材料	工时定额

5.3　基本构造与工作原理

板式换热器的整体结构如图 5-1 所示，主要由传热板条、密封板条、两端压板、固定螺栓、支架、进出管口等部件组成。

工作原理如图 5-2 所示。

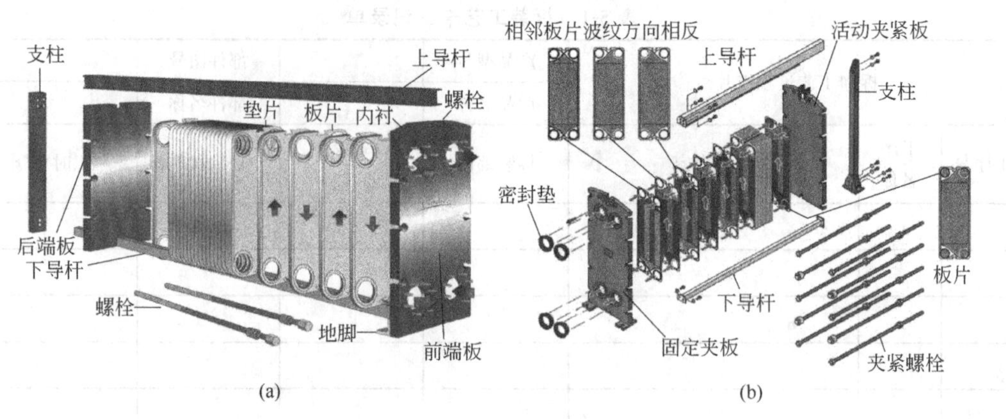

图 5-1　板式换热器的结构

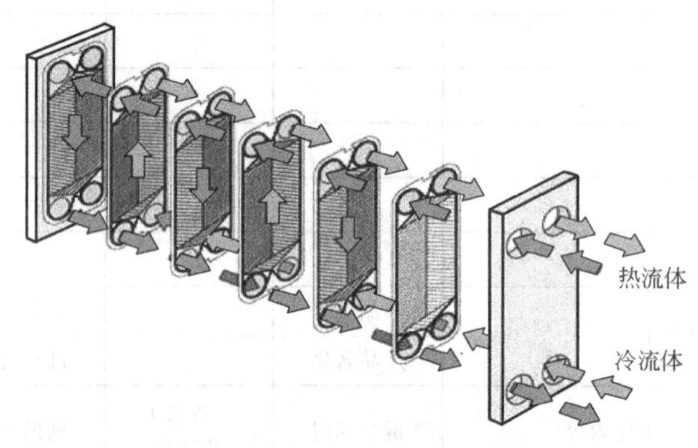

图 5-2　板式换热器工作原理图

板式换热器是由许多波纹形的传热板，按一定的间隔，通过橡胶垫片压紧组成的可拆卸的换热设备。板片组装时，A 组和 B 组交替排列，板与板之间用黏结剂把橡胶密封板条固定好，其作用是防止流体泄漏并使两板之间形成狭窄的网形流道。板上的四个角孔，形成了流体的分配管和泄集管，两种换热介质分别流入各自流道，形成逆流或并流通过每个板片进行热量的交换。

5.4　板式换热器的检修和安装

① 对夹套管采用高压水除垢或进行化学清洗除垢，清洗不得造成夹套管腐蚀损坏，不得采用机械方法除垢；

② 更换填料时，应将填料盒清洗干净，按规定要求压入填料；

③ 超高压换热器管在安装前，应对管螺纹密封面用洗油清洗；

④ 将要安装的超高压管道吊装于安装位置的机架或支承上；

⑤ 除去管道端部密封面上的保护层，在管道螺纹部位涂上防咬剂，并旋入法兰，使管道端部凸出法兰面 1 扣；法兰拧时应轻松、均匀，不可强行拧；

⑥ 用白布擦净管端密封面，并涂上白色凡士林；

⑦ 测量两法兰之间的距离和平行度、同轴度，并进行必要的调整，使两法兰间距略大于透镜垫的最大高度，平行度和同轴度遵照设计要求；

⑧ 检查螺栓，测量每个螺栓的长度，并在螺纹部位涂上防咬剂；

⑨ 检查透镜垫并在其密封表面涂上白凡士林，然后将透镜垫正确装入两法兰中，用测隙规（或游标卡尺）测量透镜垫与法兰的平行度，并进行必要的调整；

⑩ 穿入螺栓并戴上螺母，用手均匀拧紧螺母，拧紧时注意螺栓之间要平行和均匀；

⑪ 使用专用扳手对螺母进行预紧，预紧力应按设备技术资料要求选取，螺栓按对称进行紧固；

⑫ 对法兰与透镜垫的外圈进行测量，要保证透镜垫与法兰平行，需要调整时，在间隙较大的位置对螺栓进行适当紧固；

⑬ 安装液压扳手（拉伸器），按紧固力矩的30%进行紧固，松开液压扳手的压力，再次测量间隙并加以调整；

⑭ 按紧固力矩的60%、100%重复⑬，使螺栓达到设计紧固力矩；

⑮ 记录超高压管道安装时的紧固力矩、螺栓伸长量、法兰与透镜垫的平行度、管道间的同轴度；

⑯ 安装管道的管卡垫和管卡，对管道的管卡、基础等紧固件进行紧固；

⑰ 安装夹套管的连接管道。

5.5 拆卸分解

5.5.1 工艺步骤

打开换热器前，首先检查冷、热介质是否排放干净，板式换热器的拆卸步骤大致如下。

① 板式换热器拆卸之前，要先进行板束的压紧长度的测量，测量框架板内侧的距离，记录下此数据（重装时应按此尺寸）。

② 依次拆下夹紧螺栓。松螺栓前移走活动压紧板上接管（如有接管），应先均匀卸去每根夹紧螺栓的25%载荷，再拆去夹紧螺栓，暂由标码螺栓承担夹紧载荷，如图 5-3 所示。为防止板片错位，在标码螺栓拧松时，压紧板面的倾斜不超过10mm。拆卸螺栓，移开活动压紧板，板片很容易取下，拆完螺栓后整齐放置于一旁。

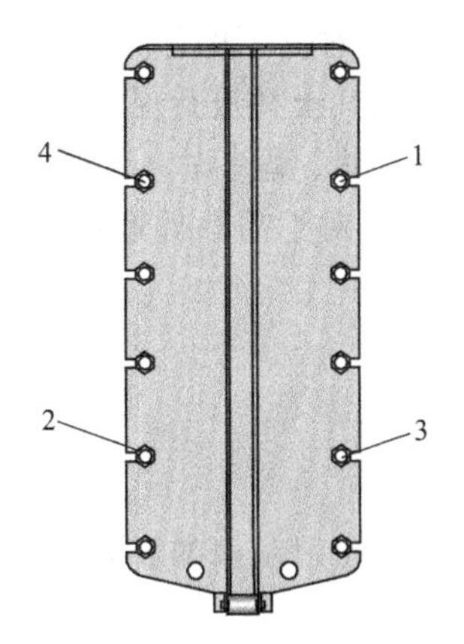

图 5-3 四个标码螺栓（1～4）位置

③ 将换热片、垫片依次拆下。在拆除及清理过程中，要轻拿轻放，不能用力撞击或振动，以免损坏换热板片及密封胶垫。为了避免螺丝刀刺破板片，建议采用液氮急冷法，让橡胶板条速冷变形，再把它撕掉。

④ 下一步是清理密封槽里面剩余的残余黏结剂，并且要清理干净板片上的污垢。

⑤ 修复或更换损坏的板片。检查密封垫片是否有老化、变质、裂纹等缺陷，用灯光检查换热板片是否有裂纹、穿孔、凹坑或局部变形，超过允许值的应进行修整或更换，并将合格的换热板片、密封垫片、活动板、固定板、夹紧螺栓及螺母等零件擦洗干净。

⑥ 组装前首先用丙酮清洗密封槽，并用401号黏结剂，水平位置粘好密封条。

⑦ 按设计流程图排列板片，首板有两根胶条并且换热板箭头朝上，第二块换热板箭

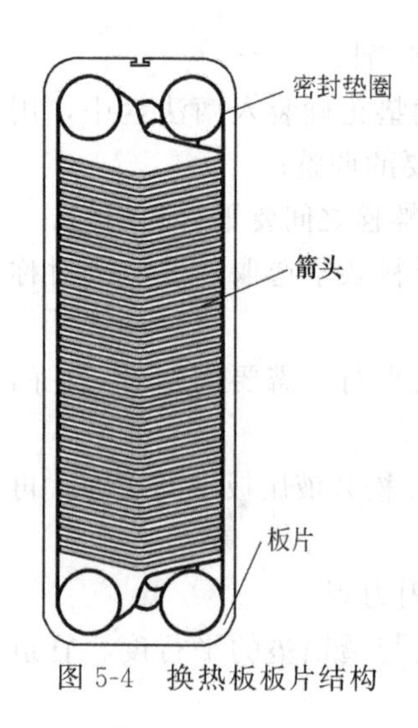

图 5-4　换热板板片结构

头朝下，依次排片，最后一片为盲板（板片无开孔）。夹紧之前应确认粘好密封条的板片。换热板板片结构如图 5-4 所示。

⑧ 安装板片完毕，轻挂两端压盖，并穿固定螺栓。

⑨ 用力矩扳手均匀地按规定的顺序进行夹紧。拧紧夹紧螺栓时要符合规定，应按标号顺序 1、2、3、4 均匀对角拧紧螺栓。拧紧过程中，应注意密封垫圈不要错位，以保持板片的平行状态，也就是说用四个标码螺栓将板片组件夹紧到适当长度，再插入其余螺栓，检查垫圈是否在板片的槽里，然后拧紧到规定的尺寸。

⑩ 测量组装压紧后板片的压紧长度。测量对象是每一根拉杆处的框架板的内侧距离。修正压紧尺寸至框架板各个拉杆处的内侧距离测量值与初始测量值误差在 1～2mm 范围内。

⑪ 装进出口内衬套。

⑫ 整体试压。先把板片一侧的流体通道的入口管堵死，里面装满水，再把板片另一侧的工作介质通道出口管上加一个带放气短管的盲板，然后把压力表装到试压侧，充满水之后用手压泵加压，为操作压力的 1.5 倍，并保持 30min，压力无下降即可连接外管。

5.5.2　注意事项

① 拆卸时应穿戴工作服、手套以避免磕伤、碰伤、刮伤等机械伤害；

② 拆卸前应将需要拆卸的各连接螺栓的螺纹部位喷上渗透液；

③ 拆卸时必须注意保护密封面和透镜垫；

④ 拆下的管段端部应用干净的白布或塑料布扎严，以防碰撞或脏物侵入；

⑤ 对拆下的部分应摆放整齐，螺栓、螺母浸入洗油中浸泡、清洗，密封面、透镜垫涂抹白凡士林进行保护；拆卸过程要小心，不允许野蛮拆卸，不允许对超高压换热器管道进行加热、敲打；

⑥ 对不需要拆卸的管道及套管要排净介质后吹干，并进行必要的保护，防止腐蚀产生。

5.6　测量与绘制

测绘记录表如表 5-2 所示。

表 5-2　测绘记录表

测量项目		第 1 次	第 2 次	第 3 次	第 4 次	第 5 次	第 6 次	平均值
装配参数的测量	拆卸前框架板内侧的距离							
	组装后框架板内侧的距离							

续表

测量项目		第1次	第2次	第3次	第4次	第5次	第6次	平均值
形态参数的测量	板片厚度 t							
	板片宽度 h							
	板-板距离 d							

注：1. 拆卸前框架板内侧的距离测量：在任一拉杆处进行距离测量；

2. 组装后框架板内侧的距离测量：在拆卸前测量的同一拉杆处进行距离测量；

3. 板片厚度测量：换热板换热区域的厚度；

4. 板-板距离测量：在拆卸结束后，将两个换热板及垫片叠放在一起，在厚度方向进行测量，测量值记为 s。板-板距离 $d=s-2t$。

5.7 再装配组合

① 组装前首先用丙酮清洗密封槽，并涂401号黏结剂，水平位置粘好密封条。

② 粘好密封条的板片，每50片一组，用20～30mm的钢板压紧，在周围环境温度为30～35℃范围内固化24h，可以挂片。

③ 挂片完毕，轻挂两端压盖，并穿固定螺栓。

④ 用力矩扳手均匀地拧紧螺栓。

⑤ 测量组装后板片总压缩量，一般可用下式计算：

$$L=(\delta_1+\delta_2)n+\delta_2$$

式中 L——拧紧后板束总长度，mm；

δ_1——板片厚度，mm；

δ_2——密封板条压缩后的厚度（一般为未压缩厚度的80%，压缩量为20%，最大压缩量不超过35%），mm；

n——传热板数量。

⑥ 装进出口内衬套。

⑦ 整体试压。首先将板片一侧的流体通道的入口管装满水，然后在板片另一侧的工作介质通道出口管上，加一带放气短管的盲板，在试压侧装上压力表。充满水后用手压泵加压，为操作压力的1.25倍，并保持30min，压力无下降即可连接外管。

⑧ 单面试压。为了更有把握地防止内部泄漏，也可采用单面试压的办法，即在需要试压的一侧充满水，另一侧不充水，其试验压力为操作压力。保压20min不降即可为合格。板式换热器一般不做单面试压，以防止板片变形较大，损坏板片和密封板条。

⑨ 气密试验。按板式换热器的要求，在进行水压试验后，还应进行气密性试验，试验压力应为操作压力的1.05倍，用肥皂水刷换热器板片周围，检查有无漏气现象。

5.8 实习记录内容

① 拆装过程测量参数记录（表5-3）。

表 5-3　换热器的拆装过程记录表

<table>
<tr><td rowspan="2">拆件数量</td><td>零件</td><td colspan="10"></td></tr>
<tr><td>部件</td><td colspan="10"></td></tr>
<tr><td colspan="2">零部件有无丢失</td><td colspan="10"></td></tr>
<tr><td colspan="2">零部件有无损坏</td><td colspan="10"></td></tr>
<tr><td colspan="2">有无装配不上的情况</td><td colspan="10"></td></tr>
<tr><td colspan="2">拆装步骤出错情况</td><td colspan="10"></td></tr>
<tr><td colspan="2" rowspan="2">拆装速度</td><td>第 1 次</td><td>第 2 次</td><td>第 3 次</td><td>第 4 次</td><td>第 5 次</td><td>第 6 次</td><td>第 7 次</td><td>第 8 次</td><td>第 9 次</td><td>第 10 次</td></tr>
<tr><td></td><td></td><td></td><td></td><td></td><td></td><td></td><td></td><td></td><td></td></tr>
</table>

② 拆装过程照片记录。

5.9　作业

① 完成拆装零件的测绘图。
② 完成实习报告。

5.10　实习报告模板

实习报告模板如表 5-4 所示。

表 5-4 《拆装实习》报告

实验实训序号：　　　　　　　　　　　　　　　　　　实验实训项目名称：

学号		姓名		专业、班级	
实验地点		指导教师		时间	
一、实习目的 二、实习设备 三、实习内容及心得					
教师评语 签名： 日期：				成绩	

第6章 阀门的拆装

6.1 教学目的

① 能够拆卸和安装阀门。

② 能够在拆卸和安装的过程中弄清阀门的工作原理和具体结构。

③ 能够在实训中理论联系实际，为以后的工作打下坚实的基础。

④ 重点培养和锻炼零部件与整机测绘、三维重建能力。在拆装测绘工艺中，重点学习过程单元设备各零部件及其相互间的连接关系、组配顺序、精度设计、拆装方法和步骤及注意事项；观察和分析装备构造，理解制造过程与运维过程的区别与联系；正确分解零部件，选择合适的量具测量装配尺寸，正确绘制零部件，正确标注装配尺寸。

⑤ 了解安全操作常识，熟悉零部件拆装后的正确放置、分类及清洗方法，培养良好的工作和生产习惯。

⑥ 锻炼和培养动手能力。在拆、装、测、绘过程中，充分发挥学习主观能动作用，做到“任务清晰、职责到人、细心观察、积极动手、放开思维、勤于思考、善于采集、真实记录、虚心请教、勇于交流、及时总结”，在有限时间里，使诸方面的能力得到锻炼。

⑦ 职业素质养成目标要求：培养认真负责的工作态度和一丝不苟的工作作风，培养创新精神和实践能力，培养独立分析问题和解决问题的能力。

6.2 工具与器材

① 拆装对象：阀门。常用的阀门有：溢流阀、闸阀、截止阀、蝶阀、止回阀、减压阀、调节阀、安全阀、球阀、盖板阀。这里以拆装溢流阀为例。

② 拆装工具：套筒扳手一套，活动扳手、游标卡尺、手钳等。

③ 工艺文件：拆装工艺卡、记录单（表6-1）。

④ 安全防护用品：手套、防油袖套、卫生纸。

⑤ 记录工具：智能手机、HB铅笔。

⑥ 观察工具：放大镜。

⑦ 测量工具：直尺、游标卡尺。

表 6-1　拆装工艺卡、记录单

拆卸工艺过程卡片			产品型号		部件图号	
			产品名称		部件名称	
工序号	工序名称	工序内容	拆装部门	设备及工艺装备	辅助材料	工时定额
装配工艺过程卡片			产品型号		部件图号	
			产品名称		部件名称	
工序号	工序名称	工序内容	拆装部门	设备及工艺装备	辅助材料	工时定额

6.3　基本构造与工作原理

以常用的溢流阀为例说明其工作原理。

图 6-1 所示为先导型溢流阀。由于主阀芯 6 与阀盖 3、阀体 4 与主阀座 7 等三处有同心配合要求，故属于三节同心结构。压力油自阀体 4 中部的进油口 P_1 进入，并通过主阀芯 6 上的阻尼孔 5 进入主阀芯上腔，在油阀盖 3 上的通道 a 和锥阀座 2 上的小孔作用于锥阀 1 上。当进油口的压力 p 小于先导阀调压弹簧 9 的调定值时，先导阀关闭，而且由于

主阀芯上、下两侧有效面积比（$A_{上}/A_{下}$）为1.03～1.05，上侧稍大，作用于主阀芯上的压力差和主阀弹簧力均使主阀口闭紧，不溢流。当进油压力超过先导阀的调定压力时，先导阀被打开，造成自进油口P_1经主阀芯阻尼孔5、先导阀口、主阀芯中心孔至阀体4下部出油口（溢流口）T的流动。阻尼孔处的流动损失使主阀芯上、下腔中的油液产生一个随先导阀流量增加而增加的压力差，当它在主阀芯上、下作用面上产生的总压力差足以克服主阀弹簧力、主阀自重G和摩擦力F时，主阀芯开启。此时进油口P_1与出油口（溢流口）T直接相通，造成溢流以保持系统压力。

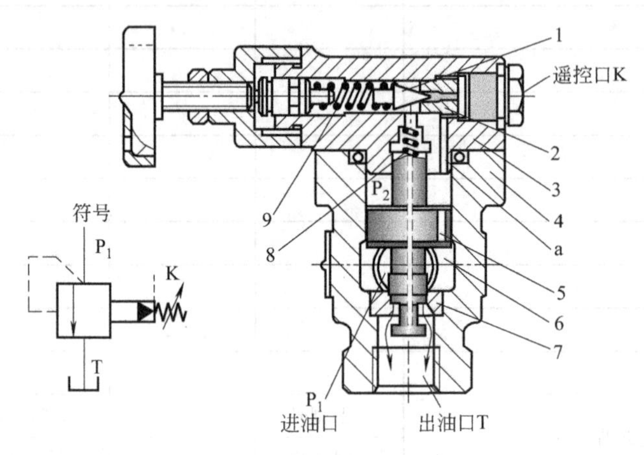

图6-1　先导型溢流阀

1—锥阀（先导阀）；2—锥阀座；3—阀盖；4—阀体；5—阻尼孔；6—主阀芯；7—主阀座；8—主阀弹簧；9—调压（先导阀）弹簧

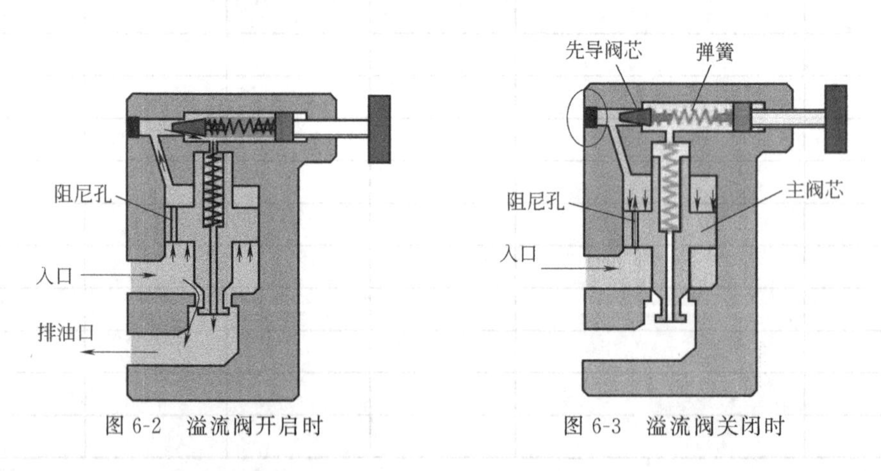

图6-2　溢流阀开启时　　图6-3　溢流阀关闭时

如图6-2所示，当溢流阀开启时：

① 溢流阀入口压力不断增大，当油压力大于先导阀芯设定的压力时，先导阀芯打开，主阀上腔的压力油通过先导阀排走，上腔压力变为0。

② 由于上腔压力为0，在下腔油压力的作用下，主阀向上移动，打开阀芯，入口的压力油通过主阀芯流入排油口，降低入口油的压力。

③ 当入口油压力下降到低于先导阀设定的压力时，先导阀芯关闭，在主阀上腔重新建立了压力，推动主阀芯向下移动，关闭主阀。

如图6-3所示，当溢流阀关闭时：

① 油从入口进入到主阀活塞下腔，对活塞产生一个向上的力；

② 油通过阻尼孔进入到活塞上腔，对活塞产生一个向下的力。

当先导阀芯没有被打开前，活塞上下面积相同，压强也相等，因此对活塞产生的力平衡，加上主阀芯弹簧对活塞有向下的力，所以主阀关闭。

6.4 阀门零部件的拆装

6.4.1 连接件的拆卸与装配

连接件也称紧固件，它用于法兰密封的连接，压紧填料，零部件间的紧定、定位等。常用的紧固件有螺栓、螺柱、螺钉、螺母、垫圈、销、键等。

(1) 螺纹连接机件的选用

螺纹连接的机件结构不同、用途不同，螺纹连接的形式也不一样。阀门螺栓连接常用的几种形式是：单头螺栓螺母连接、单头螺栓本体连接、双头螺栓螺母本体连接、双头螺栓螺母连接、单头螺栓插销连接等形式。螺栓螺母连接常用于小口径法兰、填料函的压盖连接；螺栓本体连接适用于不经常拆卸的场合；螺栓螺母本体连接用于中、大口径法兰及阀体中腔的连接；螺栓双螺母连接常用于阀门和管道的法兰连接；活节螺栓、销连接主要用于填料函压盖压紧。小于 M6 的螺栓常在头部开出凹槽或十字形槽，用起子拆装，这种螺栓也被称作螺钉，它有圆柱头螺钉、埋头螺钉、圆头螺钉、半圆头螺钉和紧定螺钉等。它们主要用在阀门的传动装置、指示机构上，连接受力不大和一些体形较小的零件。紧定螺钉用于挡圈作定位用。

(2) 螺纹的识别

螺纹按照旋转方向分为左旋和右旋；按规格分为粗牙和细牙。螺纹的升角向左逐渐升为左旋螺纹；反之则为右旋螺纹。

正确识别螺纹的旋向，是拆装阀门最基本的知识。大部分的阀门法兰连接螺纹为右旋，机件连接和伴动螺纹有右旋也有左旋。有时因判断错误，见到螺纹就认为顺时针旋转为拧紧，逆时针旋转为拧松，乱拧一通，轻者螺纹滑丝，重者损坏阀件。有的阀门上的螺纹外露较少，不易看清旋向，在没有搞清螺纹旋向时切勿乱拧螺栓。在有资料的情况下，尽量参阅相应的图样或有关文件，也可根据阀件的结构形式、传动方式，微量地试探性反转动螺栓，一般能搞清螺纹的旋向，避免因误操作而损坏阀件。

(3) 螺栓装配的技术要求

要认真检查所使用的螺栓、螺母的材质、形式、尺寸和精度是否符合有关的技术要求。对用于高温、高压和重要场合的合金钢螺栓、螺母，要特别仔细、认真地验证合格证和抽查记录，其要求应该符合国家标准 GB 50235—2010 的规定。

① 在同一法兰上使用的螺栓和螺母，选用时其材质和规格应该一致，不允许有材质不同和规格不一的螺栓、螺母混入。

② 螺栓、螺母不允许有裂纹、皱折、弯曲、乱扣、磨损和腐蚀等缺陷。螺栓拧到阀体法兰或螺母拧在螺栓上时应该无明显的晃动和卡阻现象。

③ 旧螺栓、螺母应该认真清洗，除去油污和锈斑等异物；新的螺栓、螺母应该除锈、清洗毛刺。装配前，应该在螺纹部分涂布鳞片状石墨粉或二硫化钼粉，可减少拧紧力，又便于以后拆卸。

④ 配对螺栓、螺母的材料强度等级不应该相同，一般螺母的材料强度等级较螺栓低

一级。

⑤ 自制的螺栓、螺母和无识别钢号的螺栓、螺母，应该打上材质标记的钢号。钢号应该打在螺栓的光杆部位或头部，螺母打在侧面，以便于检查鉴别。

（4）螺母的防松方法

阀门上为防止螺母松动常采用锁紧螺母、弹簧垫圈、止动垫圈、开口销等零件，因此螺母的防松方法分为双螺母锁紧、弹簧垫圈压紧、止动垫圈卡紧、开口销防松等方法。

（5）螺栓拧紧的顺序

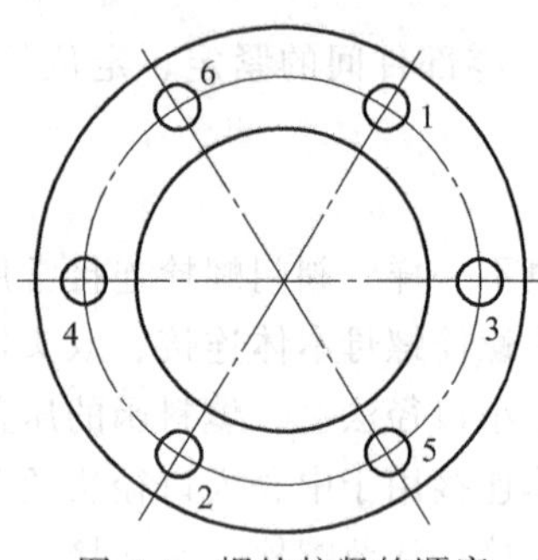

图 6-4　螺栓拧紧的顺序

螺栓拧紧的顺序（如图 6-4 所示），对阀门装配质量和法兰密封有着十分显著的影响。按照对角线次序，对称均匀，轮流拧紧。当每根螺栓都初步上紧得力后，应该立即检查法兰或填料压盖是否歪斜。测量法兰之间间隙是否一致，若不一致则及时纠正。然后对称轮流拧紧螺栓，拧紧量不得过大，每次以 1/4～1/2 圈为宜，一直拧到所需要的预紧力为止。也要特别注意，不得拧得过紧，以免压锁垫片，拧断螺栓。最好用测力扳手按照设计计算的预紧力拧紧，一般修理时以拧到法兰密封不漏为准。前后再检查法兰间隙应该一致并保持 2mm 以上。

（6）螺栓的拆装方法

螺栓的拆卸和装配方法，与连接形式、损坏或锈死的程度等因素有关。双头螺栓最难拆卸和装配。拆装时，应该按照要求选用适当的扳手，尽可能选用固定扳手，少用活动扳手，以免损坏螺母。

① 双头螺栓的拆装方法。双头螺栓的拆装方法分为双螺母拆装法、螺帽拧紧法和滚柱拧紧法，如图 6-5 所示。

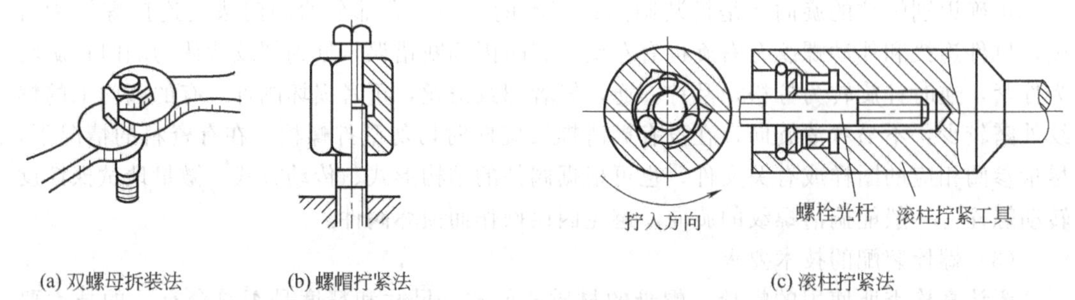

图 6-5　双头螺栓的拆装方法

双螺母拆装法：双螺母并紧在一起以拆卸和装配双头螺栓的方法。当要拆卸双头螺栓时，上面的扳手将上螺母拧紧在下螺母上，下面的扳手用力将下螺母按照逆时针方向转动拧出螺栓。如果双头螺栓为反扣（左旋），则应该将两个螺母并紧后，用下面的扳手将下螺母按照顺时针方向拧动旋出。当要把双头螺栓装配在阀件上时，则用扳手将两个螺母并紧，同时上面的扳手将上螺母按照顺时针方向旋转，直至将双头螺栓安装于阀件上，再松开两个螺母并旋出螺母，则双头螺栓就装配完毕了。如为右旋，则两个螺母并紧后，逆时针方向拧动上面的螺母直至将螺栓装于阀件。这种方法简单易行，无论工厂现场或修理厂都可采用，并且不会损坏螺栓。

滚柱拧紧法：使用滚柱拧紧专用工具，将滚柱夹在螺栓光杆部分，工具体的凹槽曲线方向与拧入双头螺栓的方向相反，由于间隙变小，滚柱把螺栓夹紧而将螺栓旋入。

②对锈死螺栓螺母的拆卸。对已经锈死和腐蚀得不易松动的螺栓、螺母，拆卸前应用煤油浸透或喷洒罐装松锈液，弄清楚螺纹旋向，然后慢慢地拧动1/4圈左右，反复拧动几次，逐渐拧出螺栓。也可用手锤敲击，振动螺栓、螺母四周，将螺纹振松后，再拧出螺母、螺栓。注意在敲击螺栓时不要损坏螺纹。对用敲击法难以拆卸的螺母，可用喷灯或氧炔焰加热，使螺母快速受热膨胀，并迅速将螺母拧出。对难以拆卸的螺栓，可用煤油浸透或喷洒罐装松锈液，之后用管子钳卡住螺栓中间光杆部位拧出。

③断头螺栓的拆卸。阀件拆装时，螺栓折断在螺孔中，是拆卸工作中最麻烦的事。拧出断头螺栓的方法包括锉方榫拧出法、管子钳拧出法、点焊拧出法、方孔楔拧出法、钻孔攻螺纹恢复法等，如图6-6所示。锉方榫拧出法和管子钳拧出法，适用螺栓为在螺孔外尚有5mm以上高度的断头螺栓；点焊拧出法适用断头螺栓在螺孔外少许或断头螺栓与螺孔平齐的条件下，它是用一块钻有比螺孔稍小的孔的扁钢，用塞焊法与断头螺栓焊牢，然后拧出。

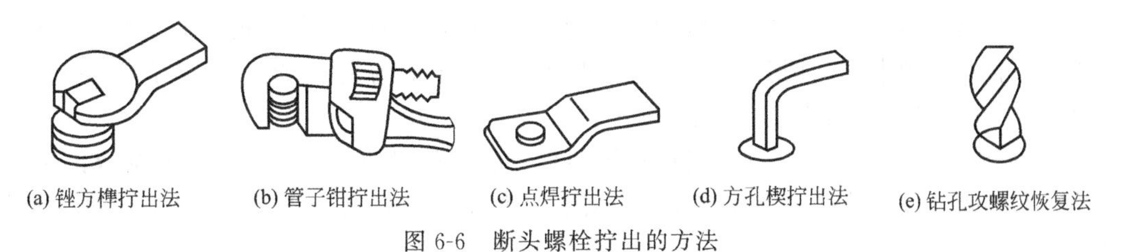
(a) 锉方榫拧出法　(b) 管子钳拧出法　(c) 点焊拧出法　(d) 方孔楔拧出法　(e) 钻孔攻螺纹恢复法

图6-6　断头螺栓拧出的方法

方孔楔拧出法适用于断在螺孔内的螺栓，先在螺栓中间钻一小孔，用方形锥具敲入小孔中，然后将断螺栓拧出；钻孔攻螺纹恢复法适用于其他方法不能拧出的断螺栓，先将断头螺栓端部锉平整，然后尽可能在中心打一样冲眼，用比螺栓内径稍小的钻头钻孔至断螺栓全部钻通，然后用原螺纹的丝锥攻出螺纹。在采用以上拧出方法之前，应该对断头螺栓做一些处理，如采用煤油浸透法、表面清除法、加热松动法和化学腐蚀松动法，加快断头螺栓的拧出。

（7）键的拆装方法

键连接的形式很多，根据不同的连接要求，有平键、滑键（导键）、斜键（楔键）、半圆键等键连接的装配形式，如图6-7所示。

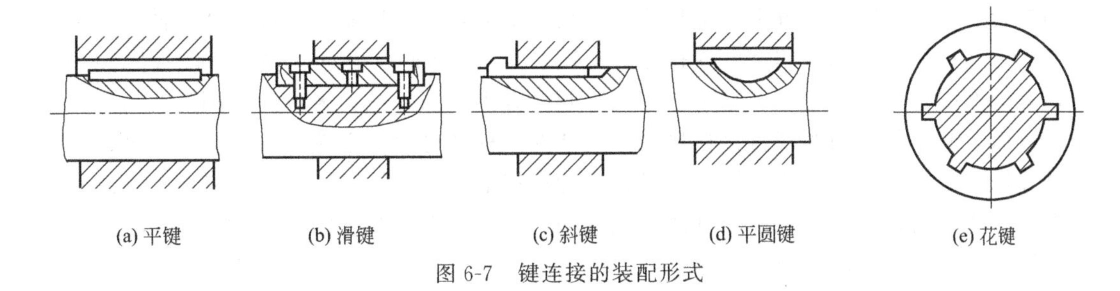
(a) 平键　(b) 滑键　(c) 斜键　(d) 平圆键　(e) 花键

图6-7　键连接的装配形式

① 平键。平键的断面有正方形和矩形两种，在阀门中的应用较为普遍。装配前应该清理键槽，修整键的棱边，修正键的配合尺寸，使键与键槽两侧为过盈配合，键的顶面与轮壳槽底面间应该有适当的间隙，修正键的两端半圆头后，用手将键轻打或用垫有铜片的台钳将平键压入槽中，并使键槽底部密合。拆卸平键前应该先卸下轮类零件，然后用起子

等工具拔起平键。也可用薄铜皮相隔，用台钳或钢丝钳夹持，将键拉出。

② 滑键。又称导键，实际上是平键的一种特殊形式。它不仅能传递转矩，而且能作轴向移动，它常用在传动装置和研磨机上的离合机构中。滑键可固定在轴上，也可以固定在轮壳上，此时滑键与轴槽或轮槽应该配合紧密，无松动，也可用埋头螺钉或其他方法固定。而滑键与它相对滑动的键槽的两侧和顶面应该有一定的配合间隙，以利于滑动，其拆卸和装配的方法，除埋头螺钉外，其余与平键的拆装一样。装配滑键时应该使埋头螺钉紧固，不得松动，并使螺钉头部低于滑键面。

③ 斜键。又称楔键，它与平键相似，但键的顶面制成斜面，斜度为100°，一端有方形键头，供拆卸用。斜键在装配时应该清除棱边，修出与键槽配合的间隙，然后将轮壳装在轴上，并使轮和轴的键槽对齐；在键的斜面涂少许着色剂后插入槽中，检查斜面，其与轮壳槽的斜面吻合度不小于70%，否则应修正至规定值；最后在斜键上涂一层白铅油，将斜键打入槽中。拆卸斜键使用的工具有斜键拉头和斜键拨头，用它们拉住或拨动方形键头，将斜键拆出。

④ 半圆键。又称月牙键，一般用于传递较小力矩，如用在直径较小的轴和锥形轴颈的轴上，能在键槽中自动调节斜度，它的装配可参阅平键的装配方法，但键的两侧与键槽的配合较平键稍松，以利于自动调节斜度。

⑤ 花键。花键有矩形花键和齿形花键两种，它们成对使用，像一对内外啮合的齿轮，一般用于机床、汽车等变速齿轮机构中。花键的传动精度较高，传递力矩大，在阀门机构中较少采用。

6.4.2 通用阀件的拆卸与装配

能在几类阀门中适用的零部件，通常称为阀门通用件。

（1）手动传动件的拆卸与装配

手轮、手柄是阀门传动装置中的重要零件，在中、小规格的阀门中以及在电动、气动和滚动驱动装置中均有应用，用它产生转矩，实现阀门的开启、调节和关闭。

手轮、手柄的装配方式包括方锥体连接、方榫体连接等方式。方锥体连接的手轮，如图6-8(a)所示，装配时应该使手轮方锥孔底面与阀杆方锥体底面保持1mm以上的间隙，手轮方锥孔的上端面应该高于阀杆方锥体端部，这样才能压紧手轮，使手轮和阀杆连接紧密。方榫体连接的手轮或手柄，如图6-8(b)所示，这种连接结构允许手轮方孔与阀杆方榫的配合有一定的间隙，方榫端部稍低于方孔的端面，以便压紧手轮或手柄，使手轮或手柄与阀杆连接紧密。错误的手轮连接方式如图6-8(c)所示，手轮或手柄未能被紧固件压紧，在操作的过程中，轻者引起手轮方孔和阀杆方榫损坏，重者无法驱动阀门。对较大口径的阀门，其手轮不与阀杆直接连接，而是装在阀杆螺母上。手轮与阀杆螺母有螺纹连接和键连接等多种形式，并用圆螺母并紧，这种连接形式的拆卸和装配，可以参照螺纹和键的拆装方法进行，拆装时应该特别注意螺纹的旋向。在拆卸和旋紧圆螺母时应该使用专用锁紧扳手，禁止使用起子或錾子敲打。

（2）机械传动件的拆卸与装配

阀门所应用的齿轮，主要用在阀门齿轮传动装置和电动驱动装置的减速箱中。齿轮传动主要有圆柱齿轮传动、圆锥齿轮传动和蜗轮蜗杆传动三种形式。

① 圆柱齿轮。装配圆柱齿轮前，要检查孔和轮齿有无缺陷和毛刺，不符合要求的要修整。齿轮和轴的配合方式有间隙配合、过渡配合和过盈配合三种，一般用键连接。

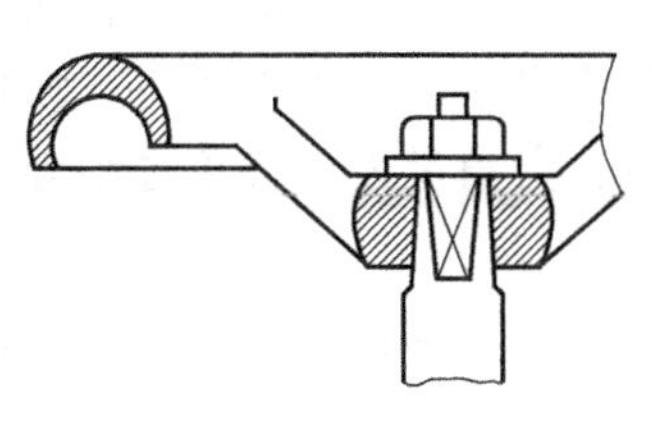

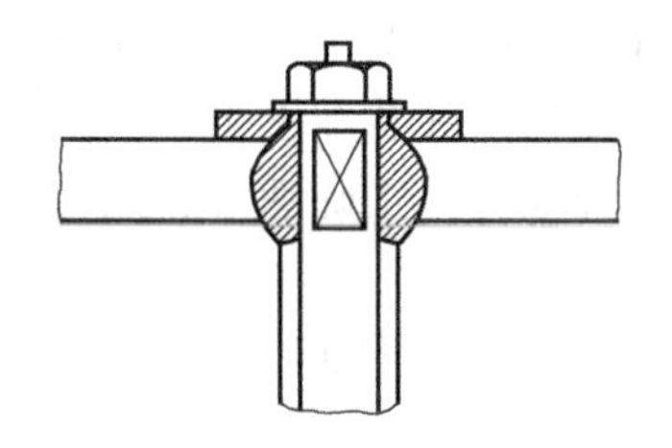

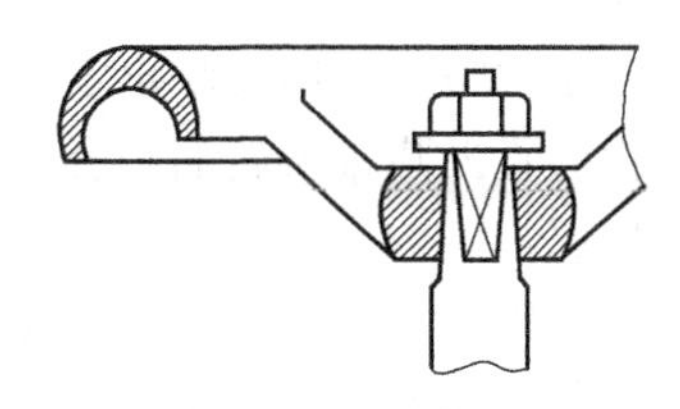

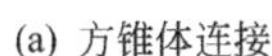

(a) 方锥体连接　　(b) 方榫体连接　　(c) 错误的连接

图 6-8　手轮、手柄的装配方式

装配齿轮时应该使键与键槽对正，根据齿轮与轴的不同配合方式，采用手压、手锤轻打或者使用压入工具装配，对于不需拆卸的连接可用压力机压入。齿轮装配后，根据技术要求检查齿侧隙和齿顶隙、接触斑点及传动精度。

齿侧隙和齿顶隙的检查，可用塞尺和压铅法。塞尺法是大齿轮固定不动，以小齿轮压住大齿轮，用塞尺检查两齿轮轮齿间的间隙，然后使一轮齿的齿顶对准相啮合的齿轮的齿根，用塞尺测量它们的齿顶的间隙。压铅法是将铅丝或铅片放在相啮合的两齿轮间，转动齿轮使铅通过两轮齿间而被压扁，取出测量的厚度即为两啮合齿轮的齿侧隙。测量两啮合齿轮轮齿顶与相对应轮齿根间铅片的厚度，即为两啮合齿轮的齿顶隙。按规定塞尺法和压铅法检查一对齿轮应该有四处，其四处对称均布。

用涂色法检查两齿轮啮合状态，是常用的简便方法，该方法是将一齿轮的齿面均匀地涂上一层薄红丹油，转动齿轮，使相啮合的齿轮有适当的负载，这样就会在相应的齿轮上印出两齿轮的接触斑点。通过检查接触斑点，就可以判断齿轮装配状态。正确的啮合应是接触斑点均匀分布在节圆线上下，如图 6-9(a) 所示；其他的齿轮装配都是不正确的，应该找出其中的原因，加以纠正。通常错误的齿轮装配表现为中心距过大、中心距过小、中心距歪斜等方面，如图 6-9(b)～(d) 所示。

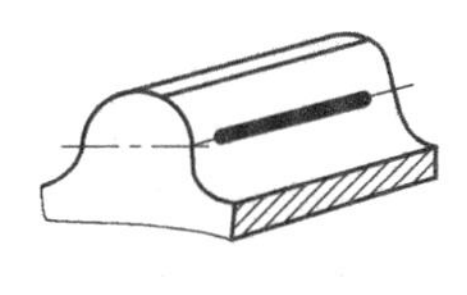

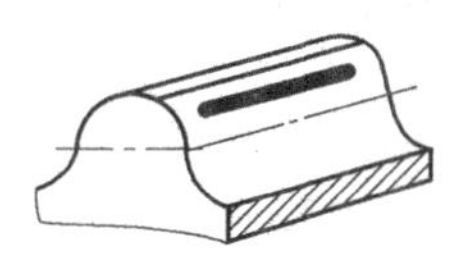

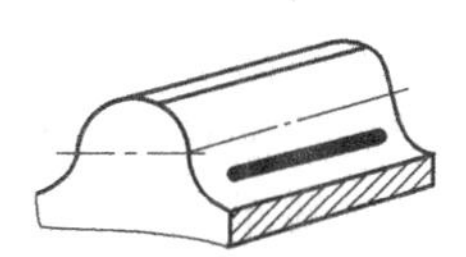

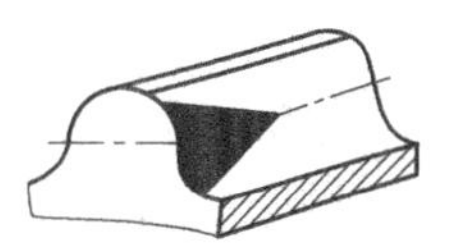

(a) 正确　　(b) 中心距过大　　(c) 中心距过小　　(d) 中心距歪斜

图 6-9　涂色法检验圆柱齿轮的啮合

② 圆锥齿轮。直齿圆锥齿轮的装配除应该符合圆柱齿轮装配要求以外，还应该保证两齿轮轴线在同一平面内，并且按规定的角度相交，其偏差符合技术要求。夹角大都为 90°。应用专门的测量工具和测量方法，来检查直齿圆锥齿轮箱两轴孔中心线相互位置的准确性。圆锥齿轮装入齿轮箱后，要分别调整两锥齿轮轴向位置，使相啮合的两锥齿轮的节锥顶点重合于一点，这样才能获得良好的啮合。检验方法与检验圆柱齿轮的方法一样，即用塞尺法或压铅法检查齿侧隙，检查时不能让轴窜动。转动齿轮，检查齿轮在啮合中有无咬牙与异响。齿侧隙偏大或偏小，在啮合过程中都将产生异常响声。除了齿轮、轴和齿轮箱本身的质量问题外，一般与装配不正有关，应用调整垫对两齿轮进行装配调整，直至两锥齿轮的节锥顶点交于一点，才为最佳。调整合格后，应该及时把两齿轮轴向位置固定好，以免窜动变化。

检验圆锥齿轮的啮合状态常用涂色法。该方法与检验圆柱齿轮啮合的方法基本相同，两轮齿接触面积，在齿高方向不得少于 40%，齿长方向不得少于 50%。无载荷时，齿的接触面应该偏向齿轮小轴；在有负荷的情况下，应该在齿宽上均匀接触。两圆锥齿轮如果不能正常啮合，则反映出零件质量问题和装配不当，应该仔细找出原因，加以纠正。涂色法检验直齿圆锥齿轮的啮合通常表现为：正确啮合、侧隙不足、夹角过大、夹角过小等几种情况。

圆锥齿轮的拆卸：一般先拆卸一根齿轮轴后，再拆卸另一根齿轮轴。拆卸方法与圆柱齿轮的拆卸方法基本相同。

③ 蜗轮蜗杆。蜗轮、蜗杆装配前，应该清理蜗轮箱、蜗轮、蜗杆、轴承和轴等零件。装配的技术要求：应该保证蜗轮与蜗杆的纵向中心轴线相互交叉垂直，啮合中心距正确，有适当的侧向间隙和啮合接触面等。

蜗轮蜗杆传动装置运转得正常与否，取决于零件的质量和装配质量，它将综合反映到啮合的接触状态，可用涂色法进行检验。其方法是将蜗杆齿面涂以红丹油或蓝油墨，在蜗轮轴上施加一定负载，左、右转动蜗杆，检查蜗轮轮齿上的接触印痕来判别啮合质量。涂色法检验蜗轮副啮合情况通常有以下两种情况：蜗轮蜗杆中心距离偏大，印痕接近蜗轮齿顶位置；中心距离小，印痕就靠近蜗轮齿根位置。蜗杆中心偏离蜗轮中心平面，或者蜗杆偏左，或者蜗杆偏右，都不是正确的蜗轮副啮合情况，只有当蜗杆居于正中才是正确的装配。蜗杆中心在蜗轮中心平面内，同时说明蜗轮蜗杆的中心距也是正确的。图 6-10 为涂色法检验蜗轮副啮合情况。图 6-10(b)、(c) 显示蜗杆中心偏离蜗轮中心平面；图 6-10(a) 显示装配正确，蜗杆中心在蜗轮中心平面内，同时说明蜗轮蜗杆的中心距也是正确的。

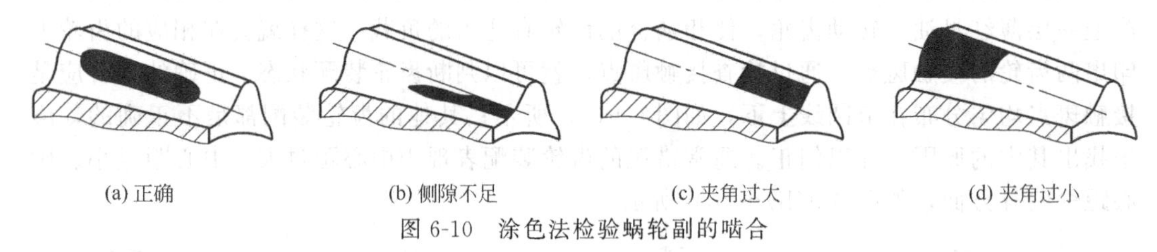

图 6-10　涂色法检验蜗轮副的啮合

经啮合检验后，还要进行传动检验：蜗杆转动应该灵活、轻快，无卡阻现象，蜗轮运转一圈后，蜗杆运转平稳，无转矩变化不一现象。经检查合格后，还需进行跑合试验。在蜗轮箱内充入润滑油，在蜗轮轴上施加一定负载，按规定转速驱动蜗杆；视要求运转一定时间后，清洗蜗轮箱，然后按规定牌号加入适量的润滑油（脂），一般润滑油（脂）的量为浸没蜗杆轴的 1/3 左右。涂色法检验蜗杆的位置如图 6-11 所示。

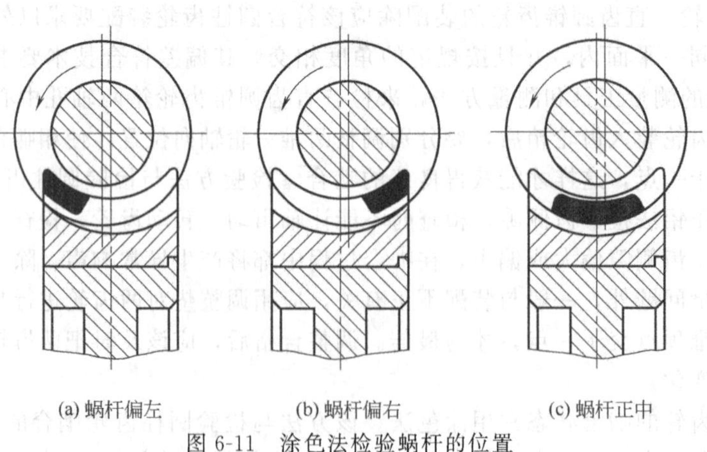

图 6-11　涂色法检验蜗杆的位置

蜗轮蜗杆的拆卸方法：只需拆卸套装蜗杆时，先将蜗杆上的紧固螺钉或挡圈松开，然后将轴轻轻打出即可取出蜗杆。如果蜗杆与轴配合较紧或为整体蜗杆，则可拆除轴承后，将蜗杆及轴一起边旋转、边退出；如果为对开式蜗轮箱，则可以松开蜗轮箱，先拆蜗轮，再卸下蜗杆。如为整体蜗轮箱，而要拆卸蜗轮时，应该首先使蜗杆蜗轮脱离啮合，然后轻打蜗轮外滑动面，将蜗轮拆出。

（3）滚动轴承的拆卸与装配

滚动轴承的应用十分广泛。滚动轴承与轴的配合是基孔制，与轴承座的配合按照基轴制。滚动轴承与相配合的转动轴一般采用过盈配合，而固定圈常采用有微小间隙或微小的过盈配合。

① 滚动轴承拆装。通常在装配前，应该把轴、孔、轴承及附件用煤油、汽油或金属清洗剂清洗干净，清除锈斑。

仔细检查零件是否有缺陷，相互配合精度是否符合要求。转动轴承，试听有无异响，检查无疑后，一般将轴承涂适量的润滑脂后防尘备用。

拆卸轴承前，应该卸下固定滚动轴承的紧固件，如挡圈、紧圈、压板、带翅垫圈及压盖等。

拆装轴承时，应该在受拆装力较大的轴承圈上加载，载荷要均匀对称，以免损坏轴承。

装配时应该注意清洁，防止异物掉入轴承内。轴承端面应该与轴肩或孔的支承面贴合，安装后应该将紧固件装配完整，无松动现象。

② 径向滚动轴承的装配。滚动轴承与轴的装配，可采用打入法或压入法，一般采用打入法。正确的打入法，应该使用铜棒放在内圈上，用手锤均匀且对称轮流敲击，这样才能获得较好的效果；否则将损坏滚动轴承和轴。对于装配好的滚动轴承，应该试转检查，如果有异响或转动不灵活，说明装配不当或配合不妥，应该找出原因加以消除。常见的滚动轴承与轴的异常装配有内圈受力、外圈受力，和内、外圈受力等几种情况，如图 6-12 所示。

对配合过盈量较大的滚动轴承，采用压力机压入或热装法。热装法一般用机油将滚动轴承加热到 80～100℃之间，温度不宜过高，以免影响轴承的力学性能。轴承达到加热温度后，用钩子取出，迅速套到轴上，用力推入。

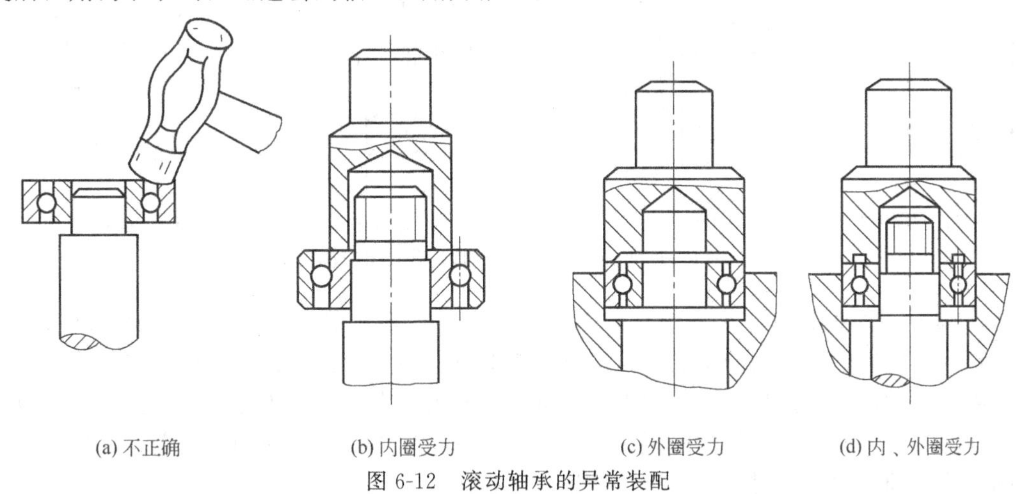

图 6-12　滚动轴承的异常装配

③ 推力滚动轴承的装配。推力滚动轴承只能承载轴向载荷。它是由紧圈、松圈、滚珠（柱）和保持架组成的。推力滚动轴承主要应用在阀杆螺母上。推力滚动轴承的装配实例，如图 6-13 所示，装配时，紧圈与转动件（如阀杆螺母）固定装配，松圈与静止件（如阀门支架或阀盖）固定装配，松圈的内孔比紧圈内孔大 0.2mm，这样转动件旋转时，不会与松圈内孔接触，若装反，就会使转动件磨损。推力滚动轴承常分为单推力轴承和双推力轴承。单推力轴承即单个推力滚动轴承与转动件的装配形式，由调整螺母调整装配间隙。双推力轴承即两个推力滚动轴承与转动件的装配方式，由上、下两个推力滚动轴承的紧圈分别与转动件轴肩的两边固定装配，由调整螺母调节轴承间隙，在保证转动灵活的原则下，两个轴承间隙以小为好。

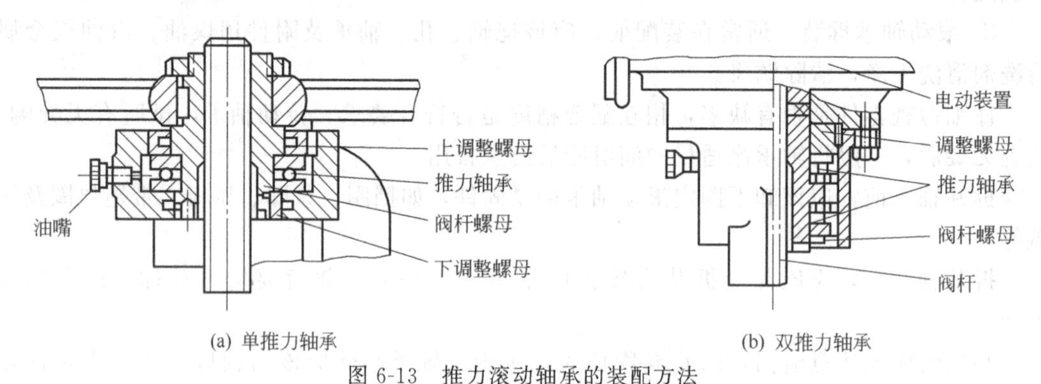

(a) 单推力轴承　　(b) 双推力轴承

图 6-13　推力滚动轴承的装配方法

④ 径向推力滚动轴承的装配。径向推力滚动轴承主要有两类，即径向推力滚珠轴承和径向推力圆锥滚子轴承。其中，径向推力圆锥滚子轴承的内、外圈是分开的，装配后调整内外圈的间隙，其装配的方法可以参阅径向轴承的装配方法，这类轴承可承受较大的轴向力和部分径向力，一般用于大型的阀门上。径向推力圆锥滚子轴承间隙的调整方法包括：用螺母调整间隙、用螺钉调整间隙、用垫圈调整间隙、用紧圈调整内圈等方式，如图 6-14 所示。

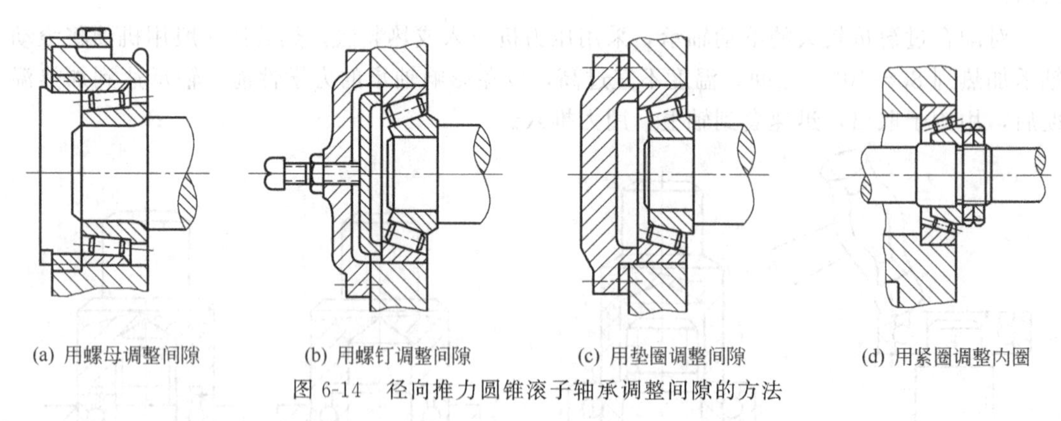
(a) 用螺母调整间隙　　(b) 用螺钉调整间隙　　(c) 用垫圈调整间隙　　(d) 用紧圈调整内圈

图 6-14　径向推力圆锥滚子轴承调整间隙的方法

⑤ 滚动轴承的拆卸。滚动轴承径向运转磨损后，必须重新更换新的轴承，以保证机件的精度，拆卸轴承常用的工具是拉出器。拆卸轴承时，拉爪应该紧紧拉住装配力较大的轴承圈，拆卸内圈时拉爪应该托在内圈端面，顶杆顶紧轴端，慢慢转动手柄，拉出轴承。拆卸外圈时，容易受到条件的限制，在条件允许的情况下，可以使用拉出器。如拆径向推力圆锥滚子轴承的外圈时，可将拉爪伸进圈内拉出。

对于配合过盈量较大以及难以拆卸的轴承可采用加热轴承或轴承座的方法，如拆卸装在轴上的轴承，可用加热到80～100℃的热机油浇淋在轴承上，使轴承内圈膨胀，与轴松动，即可卸下轴承。如果拆轴承座内的轴承，则可将热机油浇淋在轴承座上，使其受热膨胀与轴承松动，即可迅速拆出轴承。

⑥ 轴类件的拆卸与装配。阀门的轴类包括轴、阀杆、杆件等，正确地装配轴类，能保证机件或阀门的运转平稳，减少轴及轴承的磨损，延长使用寿命。

在装配前，应该对轴类及其相配的孔进行仔细检查、清理和校正，使其符合技术要求，方可装配。装配的技术关键是校正轴类通过两孔或多孔的公共轴线。校正的方法有目测、手感、着色及工具校正法。

（4）套类件的拆卸与装配

套类零件在阀门上用作滑动轴承、气缸套、密封圈、导向套等。也常用套类零件修复被磨损了的轴和孔。根据使用要求，套类的装配有过盈配合、过渡配合和间隙配合。

① 套类的装配：装配前应该对套类零件与所配合的轴孔进行清洗、清除倒角，清除锈斑，套与其配合件的接触面应该涂刷机油或石墨粉待用。

装配的方法根据配合等级不同有锤击法、静压法和温差法等。锤击法简单方便，装配时将套对准孔，套端垫以硬木或软金属制的垫板，以手锤敲击，击点要对准套的中心，锤击力恰当。对容易变形的薄壁套筒，可以导管作引导，用上述方法压入，如图6-15所示。对装配精度要求较高的套类零件，应该采用静压法压入或温差法装配，保持装配后的套筒精度。

一些低、中压阀门的密封面在修复过程中往往制成套类形式。如锅炉给水调节阀的阀座、闸阀的阀座以及锥面截止阀阀座的更换。对采用过盈配合或过渡配合的套形密封面，则用滚压机、螺杆试压台压入。楔形闸阀的密封面一般制成5°斜面，压套时应该在法兰下面垫入一5°斜板，使阀座呈水平状态。阀座密封面上垫以硬木或比密封面硬度更低的垫板，将阀座压入阀体，在装配闸阀阀座前应该先划线，找正阀体的正确位置，阀座对准后再压入，如图6-16所示。

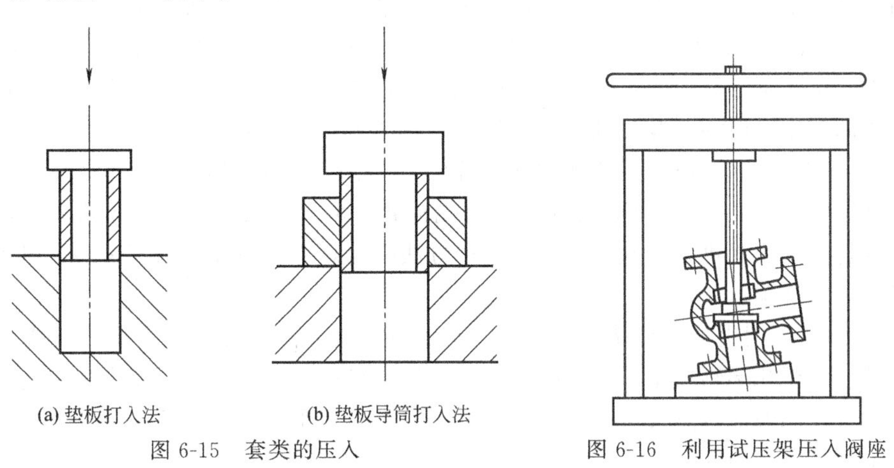

图6-15　套类的压入

图6-16　利用试压架压入阀座

温差装配法：一是将套筒冷却收缩或将与之配合的孔零件加热膨胀，二是把套类加热或将与之相配的轴冷却收缩，然后迅速装配套筒零件。这两种方法装配可靠，质量较高，但应该掌握零件的加热温度，以免使零件退火，改变力学性能，造成隐患。套类的压入包括垫板打入法、垫板导筒打入法两种。

② 套类的固定套筒装配后为了防止松动，应该加以固定，可以同时采用两种固定方法。对要求不高，传递动力不大的轴套，仅以过盈配合就可以，不需另行加装固定零件。套类的固定方法包括侧面螺钉固定、端面螺钉固定、骑马螺钉固定、黏接固定、焊接固定等几种，如图 6-17 所示。

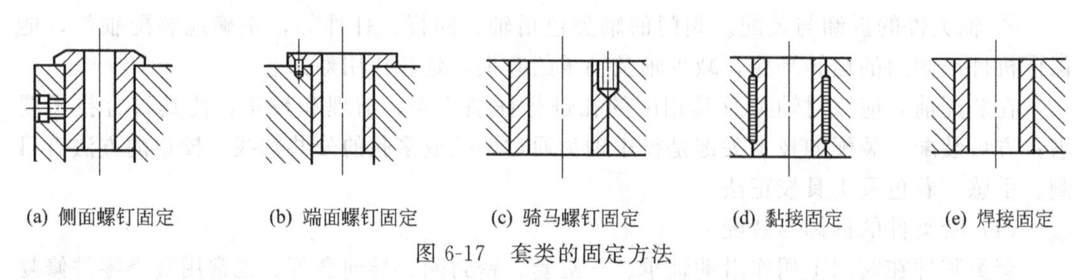

图 6-17　套类的固定方法

③ 套类的拆卸：拆卸前应该仔细检查套类零件的结构类型和固定方式，才能采取相应的拆卸措施。有紧定螺钉的套装配时应该先卸掉螺钉；以点焊固定的应该先用錾子切除焊点；以黏接固定的则视胶黏剂的品种，选用溶剂或加热法拆卸。

套类零件的一般拆卸方法：先在套筒的装配缝中用煤油浸润，并用手锤敲击零件，使煤油加速渗透至套筒的装配缝中，视结构不同，可以用工具将套筒打出或用拉出器将套筒拉出，对难以拆卸的套类，可用机床切削去除。对没有切削设备或不适合切削加工的套类零件，可以用锯或錾的方法，除掉轴套。锯割适合通孔套筒零件，錾切适合盲孔套类零件。

（5）黏接处的拆除

在阀件的修复作业中，会遇到黏接件残胶的清除和黏接处的拆卸。黏接方便，拆卸却很困难。这里介绍水浸法、水煮法、火烤法、化学法和机械加工法以拆卸黏接件，并清除残胶。

① 水浸法：有些黏结剂遇水就溶解，对于以这类黏结剂黏接的零件或清理这类残胶，可将待拆卸或清理的零件在水中浸透，直至黏结剂溶解，黏接处脱离为止。

② 水煮法：对于低分子量环氧树脂，如 101、628、637、634 和其他类型的胶黏剂，以乙二胺、多乙烯多胺作固定剂进行冷固化的黏接件，可在沸水中煮约十分钟，视工件大小，适当调整水煮时间，胶黏剂受热后软化，趁热把黏接处拆开。

③ 火烤法：采用邻苯二甲酸酐等环氧树脂固化剂，无论是环氧树脂还是其他耐温性能在 300℃左右的黏结剂，用水煮法都不可能拆卸，可采用火烤法使其受热软化，趁热清理残胶或趁热用工具迅速撬开接头。用这种方法时注意不能使加热温度过高，以免黏接零件受热退火或烧损。

④ 化学法：利用某些胶黏剂不耐酸、不耐碱、不耐溶剂等特性，将残胶或待拆卸部位或零件，置于化学物质中，来清除残胶或拆卸黏接接头。如无机胶用火烤不起作用，它不耐碱，可以用碱液浸透胶层，使黏接处脱开；溶剂型胶黏剂，不耐溶剂，如聚氯乙烯、聚苯乙烯等都溶于丙酮。

⑤ 机械加工法：利用打磨、刮削、车、钻等方法能清除残胶，拆卸接头。

6.4.3　垫片的拆卸与安装

静密封是以两连接件之间夹持垫片来实现密封的。静密封的结构形式很多，有平面垫、梯形（椭圆）垫，透镜垫、锥面垫、液体密封垫、O 形圈以及各种自密封垫圈等。

这些垫片按照制作材料可以分为三大类，有非金属垫、金属垫片和复合材料垫片。垫片还可细分，可说品种繁多，琳琅满目。这么多种类的垫片是为了适应各种不同类型的阀门和不同的压力、温度以及不同性质的需要。垫片是解决静密封处“跑、冒、滴、漏”的重要零件。因此，垫片的安装是很重要的环节。

（1）垫片的密封原理

静密封处的泄漏有两种，即界面泄漏和渗透泄漏，如图 6-18 所示。

所谓界面泄漏，就是介质从垫片表面与连接件接触的密封面之间渗漏出来的一种泄漏形式。界面泄漏与静密封面的形式、密封面的粗糙度、垫片的材料性能及垫片的安装质量（位置与比压）等因素有关。

图 6-19 为垫片的密封原理，当垫片在密封面之间，未压紧之前，垫片没有塑性变形和弹性变形，介质很容易从界面泄漏。当垫片被压紧后，垫片开始变形，随着压紧力的增加，垫片的比压增大，垫片的变形增大，开始逐渐使垫片表面层变形，挤压进密封面的波纹中去，填满整个波谷，阻止介质从界面渗透。垫片中间部分在压紧力的作用下，除有一定的塑性变形外，尚有一定的弹性变形，当两密封面受某些因素的影响，间距变大时，垫片具有回弹力，随之变厚，填补密封面变大的间距，阻止介质从界面泄漏。

所谓渗透泄漏就是指介质从垫片的毛细孔中渗透出来的一种泄漏形式。产生渗透泄漏的垫片是以植物纤维、动物纤维和矿物纤维材料制作的垫片。它们的组织疏松、介质容易渗透，一般用上述纤维材料制作密封垫片，事先都做过浸渍处理以防止渗透泄漏。浸渍的原料有油脂、橡胶和合成树脂等。即使经过这种浸渍处理，也不能保证垫片绝对不渗透，平时所讲的“阻止渗透”“无泄漏”，只不过是渗透量非常微小，肉眼看不到罢了。

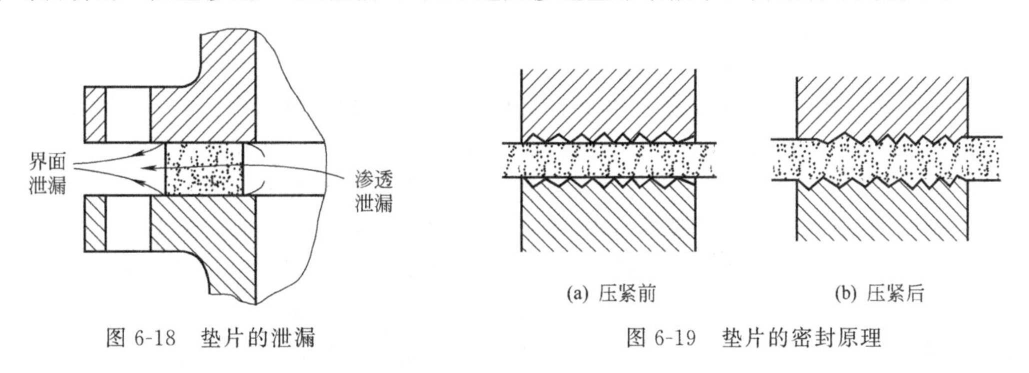

图 6-18　垫片的泄漏

图 6-19　垫片的密封原理

垫片的渗透泄漏与介质的压力、渗透能力、垫片材料的毛细孔大小和长短、对垫片施加压力的大小等因素有关。介质的压力大而黏度小，垫片的毛细孔大而短，则垫片的渗透量大；反之，则垫片的渗透量小。被连接件压得越紧，垫片中的毛细孔也将逐渐缩小，介质从垫片中的渗透能力将大大减小，甚至认为阻止了介质的渗透泄漏。适当地对垫片施加预紧力，是保证垫片不产生或迟产生界面泄漏和渗透泄漏的重要手段。当然，给垫片施加的预紧力不能过大，否则压坏垫片，使垫片失去密封效能则适得其反。

（2）螺栓的预紧力

螺栓预紧力的确定，是一个复杂的问题，它与密封形式、介质压力、垫片材料、垫片尺寸、螺纹表面粗糙度及螺栓螺母旋转面有无润滑等诸多因素有关。在有润滑和无润滑时差别很大，摩擦系数前者在 0.1～0.15 而后者在 2.2～3.0。

① 螺栓预紧力矩。

国家标准 GB/T 38343—2019《法兰接头安装技术规定》给出了表 E.1“螺栓安装扭

矩计算”可供参考（表 6-2）。

表 6-2　螺栓安装扭矩计算节录

螺纹尺寸 d/mm	螺距 p/mm	单个螺栓安装载荷 W_0/N	单个螺栓安装扭矩 T/(N·m)	扭矩系数 K
10	1.5	19276	31	0.161
12	1.75	28061	53	0.158
14	2	38483	87	0.161
16	2	52589	134	0.159

阀门组装时螺栓螺母的螺纹表面以及相应的接触处，应该涂润滑剂，经长期使用后再拧紧时，更有必要依据表面状况的变化，重新确定预紧力。

② 预紧比压 j 和垫片系数 w。

在长期高温运行的条件下，法兰及其紧固件将产生蠕变，有使垫片密封失效的现象，随着温度的升高，运行时间的增长，这种现象愈加显著。因此，对螺栓的预紧力需要增加一附加力，但是预紧力也不可无限增加，它受到连接法兰的强度和垫片性质的制约。在高温或深冷工况条件下，对螺栓采取热紧或冷松的办法，以满足压紧垫片的足够预紧力。

综上所述，压紧垫片的螺栓预紧力受多种因素的影响，一般说来，压力高、温度高的比压力低、温度低的预紧力要大些；金属垫片比非金属垫片的预紧力要大些；介质黏度低、渗透力较强的比渗透力较弱的预紧力要大些；垫片接触面积大的比垫片接触面积小的预紧力要大些。简言之，在保证试压密封的条件下，根据具体情况尽量采用较小的螺栓预紧力。

（3）垫片安装前的准备

① 垫片的核对：核对选用垫片的名称规格、型号、材质，应该与阀门工况条件（压力、温度、腐蚀等）相适应，与阀门静密封面相配合，与有关标准和规定相符合。

② 垫片的检查：橡胶石棉板等非金属垫片，表面应该平整和致密，不允许有裂纹、折痕、皱纹、剥落、毛边、厚薄不匀等缺陷；金属和铁包垫片，表面应该光滑、平整，不允许有裂纹、凹痕、径向划痕、毛刺、厚薄不匀及腐蚀产生等缺陷；对齿形垫、梯形垫、透镜垫、锥面垫以及金属制的自紧密封件，除上述要求外，还应进行着色检查和试装，印影连续不断为合格；重新使用金属垫片，一般要进行退火处理，消除应力，修整后使用。

③ 紧固件的检查：螺栓螺母制作质量应该符合国家标准有关规定。螺栓螺母的形式、尺寸、材质应该与工况条件相适应，符合有关技术要求。不允许乱扣、弯曲、材质不一、规格不同的螺栓螺母混入。螺栓螺母应该有材质证明，重要的螺栓螺母应该进行化验和探伤检查。螺纹连接结构应该完整，无乱扣、滑扣、裂纹和产生腐蚀现象。法兰连接结构应该完整，无偏口、错口、错孔和裂纹等缺陷。

④ 静密封面的检查：静密封面应该符合技术要求。静密封面应该平整，宽窄一致，光洁，无残渣、凹痕、径向划痕、严重蚀损、裂纹、飞边等缺陷。

⑤ 静密封面装置的情况：按技术要求，清除静密封装置上的油污、残渣、旧垫、锈痕，清洗螺栓螺母、静密封面，并在其上涂以石墨之类的润滑剂，备齐缺件，遮盖静密封面待用。

（4）垫片的安装

只有在法兰连接结构或螺纹连接结构、静密封面和垫片经检查无误，其他阀件也经过修复完毕的情况下，才可以安装垫片。上垫片前应在密封面、垫片、螺纹及螺栓螺母旋转部位抹上一层石墨粉或二硫化钼粉，垫片、石墨应该保持干净，垫片袋装不粘灰，石墨粉盒装加盖，随用随取，不得随地丢放。垫片安在密封面上要正确、适中，不能偏斜，不能伸入阀腔或搁置在台肩上。垫片内径要略大于密封面内孔，垫片的外径应该比密封面外径稍小，这样才能保证受压均匀。

密封面采用液体密封垫片（又称无垫密封）时，胶黏剂应该与工况条件相适应，黏接操作符合相应的黏接规程。对于密封面要认真清理或进行表面处理。平面密封面应该研磨并有足够吻合度，接触面要均匀，要尽量排除空气，胶层一般为0.1～0.2mm厚，螺纹密封处与平面密封一样，相接触两个面都要涂抹，旋入时应该取立式姿态，以利空气排除。胶液不宜过多，以免溢出污染其他阀件。

当螺纹密封采用聚四氟乙烯薄膜（生料带）时（图6-20），先将生料带起头处拉伸变薄一些，贴在螺纹面上，然后将起头多余的生料带除掉，使贴在螺纹上的薄膜形成楔形。视螺纹间隙，一般缠绕一至两圈，缠绕方向应该与螺纹旋向一致，终端将重合起头处时，渐渐拉断生料带，使之呈楔形，这样可保证缠绕的厚度均匀。旋入前，把螺纹端部的薄膜压合一下，以便生料带随螺纹一起旋入螺孔中，旋入要慢、用力均匀适当，旋紧后不要再松动，切记避免回旋，否则容易泄漏。

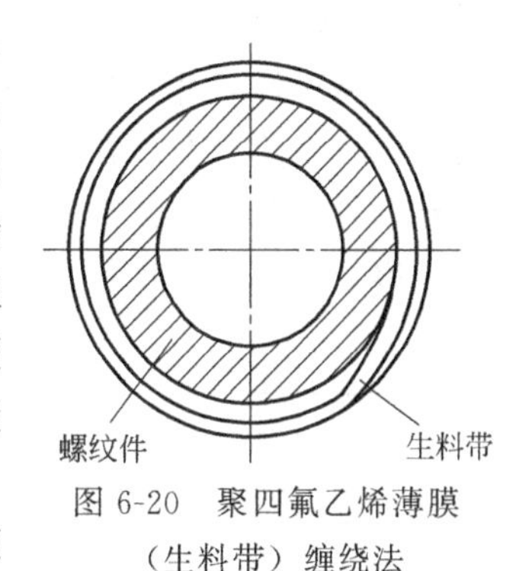

图6-20　聚四氟乙烯薄膜（生料带）缠绕法

密封面只准安装一只垫片，不允许在密封面间安装两片或多片垫片来弥补密封面间的间隙不足。

梯形（椭圆）垫圈的安装：应该使垫圈内外圆相接触，垫圈的两端面不得与密封槽底面接触。

O形圈的安装除了圈和槽应该符合设计要求外，压缩量也要适当。金属空心O形圈一般最适宜的压扁度为10%～40%；橡胶O形密封圈的压缩变形率，圆柱面上的静密封取13%～20%，平面静密封面取15%～25%。对于内压较高以及真空密封，压缩变形应该大些。在保证密封的前提下，压缩变形率越小越好，可以延长O形圈的使用寿命。O形圈的安装方法见6.4.4节。

阀门中法兰密封垫片装妥后，安装阀盖前，应该使阀杆处于开启位置，以免影响安装或损坏阀件。装盖时要对准位置，不得用推拉的方法调整，以免擦伤垫片和发生位移。调整时应该将阀盖慢慢提起，对准后再轻轻放下。

上螺栓时，钢号标记的一端应该装在便于检查的一面，应该对称、轮流、均匀地拧紧螺栓，分2～4次旋紧，旋紧螺栓应该使用管钳。螺栓连接或螺纹连接的垫片尽可能处于水平安装位置。

垫片压紧前，应该对压力、温度、介质的性质、垫片材料的特性了解清楚，确定预紧力。一般非金属材料垫片，如橡胶石棉、柔性石墨、橡胶、塑料等垫片比金属垫片的预紧力要低些，复合材料居中。在非金属垫片中，橡胶石棉垫片比其他材料的垫片预紧力要大些，最低的是橡胶。拧紧螺栓最好使用力矩扳手。预紧力应该在保证试压不漏的情况下，尽量小。过大的预紧力容易破坏垫片，使垫片失去回弹力。

阀门垫片压紧后，应保证连接件间留有适当间隙，以备垫片泄漏时有压紧的余地。垫片的预留间隙见图6-21。图6-21(a)为错误的安装方法，法兰之间以及螺纹连接处没有间隙，一旦垫片泄漏，就没有再压紧的余地了。图6-21(b)为正确的装配方法。

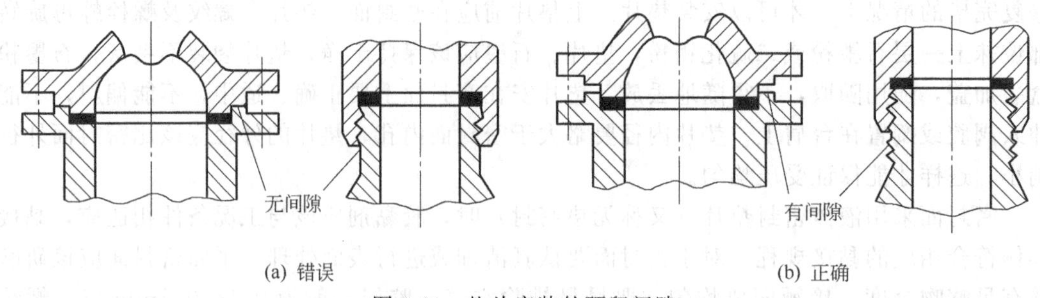

(a) 错误　　　　(b) 正确

图 6-21　垫片安装的预留间隙

在高温工况下，螺栓会因高温蠕变，应力弛豫，变形增大，致使静密封泄漏，这时应该在热态情况下压紧垫片。反之，螺栓在低温工况条件下，会产生收缩，静密封垫片载荷过大，易压坏垫片，螺栓需要在冷态情况下适当旋松。高温或低温管道及其阀门，在开车试运行时，热紧及冷松温度见表 6-3。有的单位对热紧及冷松温度规定不一，基本上大同小异，可按照各自标准执行。热紧为加压，冷松为卸压。热紧或冷松都要适度，操作时要严格遵守安全技术规程。

表 6-3　螺栓热紧及冷松温度

阀门工作温度/℃	一次热紧(冷松)/℃	二次热紧(冷松)/℃	三次热紧(冷松)/℃
200～350	200	工作温度	
＞350	200	300	工作温度
－20～－70	工作温度		
＜－70	－70	工作温度	

(5) 垫片安装注意事项

在垫片安装中，修理者往往忽视静密封面缺陷的修复，密封面和垫片的清理工作不够彻底，随着这些问题而来的不当补救措施是修理人员用过大的预紧力压紧垫片，使垫片的回弹能力变差，甚至破坏，缩短了垫片的使用寿命。

下面将垫片安装中常见的缺陷叙述如下，以引起注意，加以避免和纠正。

常见的缺陷有偏口、错口、张口、双垫、偏垫、咬垫等，如图 6-22 所示。图 6-22(a) 所示为偏口，除阀件的加工质量问题外，主要是拧紧螺栓时，没有按照对称、均匀、轮流的方法作业，事后又没有对称四点检查法兰间隙而造成的。图 6-22(b) 所示为错口，是阀件的加工质量不好，两法兰孔中心不对或螺孔错位造成的；也有因安装不正或螺栓直径选用偏小，互相位移引起的。图 6-22(c) 所示为张口，造成这种缺陷的原因，一是垫片太厚，使密封面露出在另一法兰的台肩上；二是凸凹止口、榫槽面不相配，密封圈不能进入槽内，这样是很危险、很不安全的，要引起修理人员的充分注意。图 6-22(d) 所示为双垫，产生这种缺陷的原因，往往是因法兰连接处预留间隙太小，企图弥补，结果造成新的隐患。图 6-22(e) 所示为偏垫，主要是安装不正引起的，垫片伸入阀腔内，容易受到介质的冲蚀，并使介质发生涡流。这种缺陷使垫片受力不均匀，产生泄漏，应该引起注意。图 6-22(f) 所示为咬垫，是由垫片内径太小或外径太大引起的。垫片内径太小，伸入阀腔，易造成偏垫的缺陷；垫片外径太大，将使垫片边缘夹持在两密封面的台肩上，使垫片压不严密，造成泄漏。

除以上这些缺陷外，还有其他一些缺陷，如 O 形圈在安装中容易划伤表面，影响密

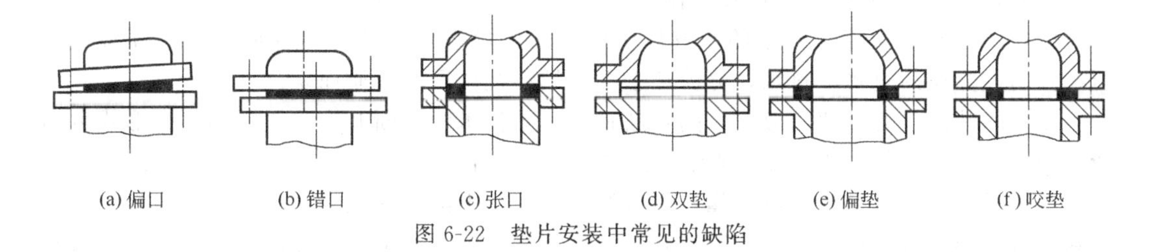

图 6-22 垫片安装中常见的缺陷

封效果；梯形（椭圆）圈两端面接触槽底，使密封部位接触不良；溶剂型液体垫，溶剂未充分挥发就匆忙安装，或胶层混入过多空气等。

6.4.4 填料的拆卸与安装

在动密封结构中，有一种是安装在阀杆与阀盖填料函之间，防止介质外渗漏的结构，称为阀盖填料。阀门中使用最多的是压缩填料，它是一种按使用条件不同，把各种材料组合起来制成绳状、盘状及环状的密封件，其次就是柔性石墨填料。

（1）填料的装配形式

填料的装配形式，是依据填料函的形式，根据介质的性质、温度、压力、腐蚀能力，甚至介质的渗透能力，以及填料本身的性质，综合考虑，将填料组合成不同的搭配形式，以确保填料密封，减小操作力矩，提高填料使用寿命，减少维修损失。

填料的材料有许多种，如油浸石棉绳、石墨石棉填料等，前面已经介绍。填料的组合、装配形式也很多。图 6-23 为填料的几种装配、组合形式。

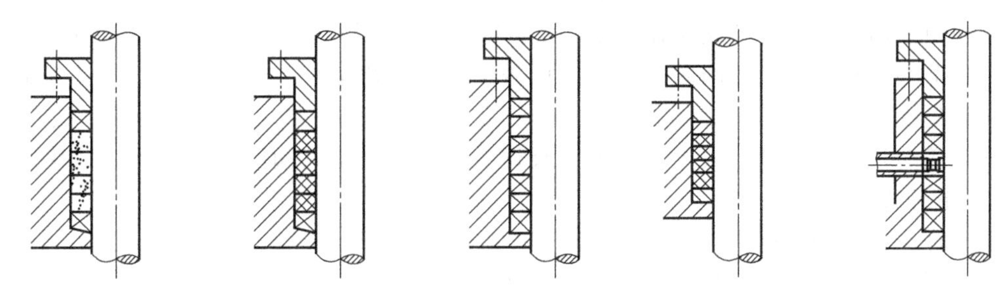

图 6-23 填料的几种装配形式

图 6-23(a) 是油浸石棉填料的装配形式，为了不致因为压紧填料而使油脂渗出，常采用第一圈（底圈）和最后一圈（顶圈）安装干石棉绳填料，以提高使用效果。

图 6-23(b) 是柔性石墨填料的装配形式。柔性石墨填料的质地较软，刚度很小，第一圈一般装填经压制后的石棉绳填料，以防止介质直接冲刷石墨填料和防止压紧填料的预紧力将石墨填料挤出填料函；最后一圈是为了避免柔性石墨与空气接触，防止压盖压损石墨填料，也以干石棉填料压实制作。柔性石墨的密封性能十分优良，一般填 3～4 圈就足够了；如果填料函较深，为了节省石墨填料，则为其充填其他填料或金属圈。

图 6-23(c) 是适应高温条件的填料装配方法。介质温度在 350℃以下时，填料前三圈装石棉填料，第四圈装铝填料；350℃以上时，前四圈装填石棉填料，第五圈装铝填料之后，每圈交叉装填，最后一圈装石棉填料。

图 6-23(d) 是 V 形自密封填料的组合方式。下填料安放在填料函的底部；中填料安

放在中间，约 2～4 圈；上填料安放在上部，有的上填料上面还装有金属垫圈。

图 6-23(e) 是安装有分流环（或称引流环）的填料函形式，这种形式用于高温、高压、强腐蚀介质的重要填料函，分流环上下的填料视介质的性质而定。

填料的装配还有其他的形式，随着新材料、新技术的不断开发。填料的组合形式也不断更新，介质的参数越来越高，特殊的填料也应运而生。有的阀门分别设置上、下填料面，下填料设在阀盖下部，填料靠自紧机构压紧。而上部填料函，装填普通的填料，常规压紧。这种形式常用在深冷、强腐蚀介质的重要场合。有的填料函在底层采用楔形自紧密封圈等形式。

（2）填料在安装过程中经常出现的问题

填料装填中经常出现的问题，主要是操作者对填料密封的重要性认识不足，贪快怕麻烦，违反操作规程所引起的。现将装填中容易产生问题列举如下：

① 清理工作不彻底，操作粗心，滥用工具。具体表现为：阀杆、压盖、填料函不用油或金属清洗液清洗，甚至函内尚留有残存填料；操作不按照顺序，乱用填料，随地放置，使填料粘有泥沙；不用专用工具，随便使用錾子切制填料，用起子安装填料等。这样大大降低了填料的安装质量，容易引起阀杆动密封泄漏和填料使用寿命降低，甚至损伤阀杆。

② 选用填料不当，以低代高。把一般低压填料用于高压和强腐蚀介质中。

③ 填料搭角不对，长短不一。装填入填料函中，不平整，不严密。

④ 许多圈一次填放或长条填料缠绕填装，一次压紧。使填料函内填料不均匀、有空隙，压装后填料上部紧、下部松，加快填料泄漏。

⑤ 填料装填太多太高，使压盖不能进入填料函内，容易造成压盖位移，擦伤阀杆。

⑥ 压盖与填料函的预留间隙过小，或压盖歪斜，松紧不一，使填料在使用过程中泄漏后，无法再压紧填料。

⑦ 压盖对填料的压紧力太大，增加了阀杆的摩擦力，增大阀门的启闭力，加快磨损阀杆，引起泄漏。

⑧ 阀杆与压盖间隙过小，相互摩擦，磨损阀杆。

⑨ O 形圈安装不当，容易产生扭曲、划痕、拉伸变形等缺陷。

（3）填料的拆卸

从阀门中拆出的旧填料，原则上不再使用，这给拆卸带来了方便，但填料函槽窄而深，不便操作，又要防止划擦阀杆，填料的拆卸实际上比安装更困难。填料拆卸时首先拧松压紧螺栓或压套螺母，用手转动压盖，将压盖或压套提起，用绳索或卡具把它们固定在阀杆上，以便于填料拆卸作业。如果能将阀杆先从填料函中抽出，则填料函的拆卸将会更方便。在拆卸过程中，使用拆卸工具，要尽量避免与阀杆碰撞，损伤阀杆。填料拆卸的方法分为搭接头拔松、挑出、钩起、切口、钻接提起等方法，如图 6-24 所示。拆卸后的 O 形圈，有时还能继续使用，因此，拆卸时要特别小心。孔内的 O 形圈的拆卸：应该先用推具和其他工具将 O 形圈拨到槽外，然后取出。轴上 O 形圈可用勺具、铲具、翘具等工具拨出。工具斜立，另一工具斜插入 O 形圈内，并沿轴转动，将 O 形圈拨出。操作时不应该使 O 形圈拉伸太长，以免产生变形。拆卸 O 形圈时注意将工具、O 形圈涂上一层石墨粉之类的润滑剂，以减少拆卸中的摩擦，便于拆卸。

（4）填料的安装

填料的正确安装，应在填料装置各部件完好、填料预制成形、阀杆完好并处在开启位

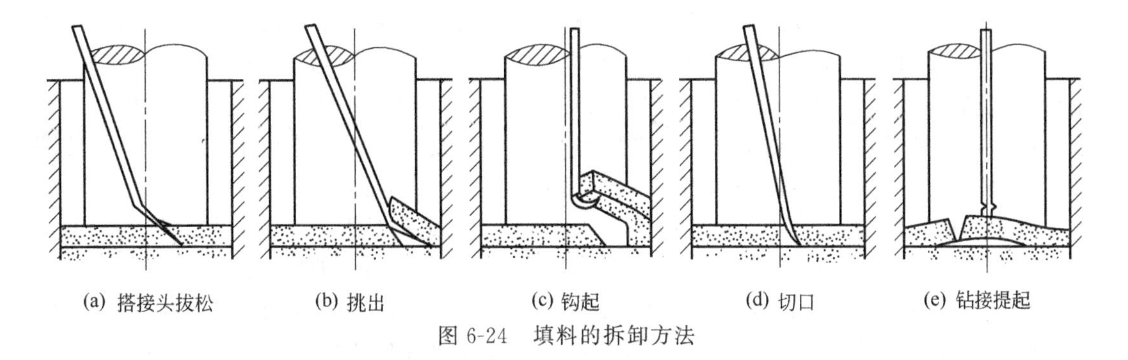

(a) 搭接头拔松　(b) 挑出　(c) 钩起　(d) 切口　(e) 钻接提起

图 6-24　填料的拆卸方法

置（现场维修除外）的条件下进行。

安装前，无石墨的石棉填料应涂上一层片状石墨粉，填料应保持干净，石墨、密封胶不能混入杂物。凡能在阀杆上端套入填料的阀门，都应尽量采用直接套入的方法。套入前，首先卸下支架、手轮、手柄及其他传动装置，用高于阀杆的管子作压具，压紧填料。对不能采用直接套入的，填料应切成搭接形式（这种形式对柔性石墨盘根可采用，但对 V 字形填料却要禁止，对 O 形圈则要避免），如图 6-25 所示。并将搭口上下错开，斜着把盘根套在阀杆上，然后上下复原，使切口吻合，轻轻地嵌入填料函中。

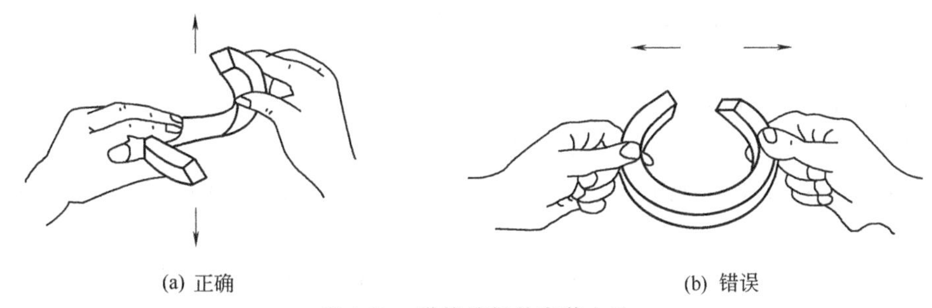

(a) 正确　(b) 错误

图 6-25　搭接填料的安装方法

在安装第一圈填料时应仔细检查填料底部是否平整，填料垫是否装上。向填料函内装填料应一圈一圈地安放，并一圈一圈地用压具压紧、压均匀。填料各圈的切口搭接位置应相互错开 20°。填料在安装过程中，相隔 1～2 圈应旋转一下阀杆，以免阀杆与填料咬死，影响阀门的启、闭。

填料函基本上填满后，应用填料压盖压紧填料。使用压盖时用力要均匀，两边螺栓应对称地拧紧，不得把填料压盖压歪，以免填料受力不均与阀杆产生摩擦。填料压盖的压套压入填料函的深度为其高度的 1/4～1/3，也可用填料一圈高度作为填料压盖压入填料函的深度，一般留有不小于 5mm 预紧间隙，然后检查阀杆与填料压盖、填料压盖与填料函的间隙（要一致）。还要旋转阀杆，阀杆应操作灵活，用力正常，无卡阻现象。如果操作力矩过大，应适当放松一点填料压盖，减少填料对阀杆的摩擦阻力。

V 形填料和模压成形的填料圈应从阀杆上端慢慢地套入，套入时要防止内圈被阀杆的螺纹划伤。V 形填料的下填料垫凸角向上，安放在底面；中填料的凹角向下，凸角向上，安放在填料函中部；上填料的凹角向下，平面向上，安放在填料函上层。

对有分流环的填料函应事先测量好填料函深度和分流环的位置。分流环要对准分流管口，允许稍微偏上，不允许偏下。

用在阀杆上的 O 形圈为内 O 形圈槽，用在气动装置活塞上的为外 O 形圈槽，它们都属动密封形式。动密封O形圈的安装，对无安装倒角、有螺纹和沟槽的部位应用专用工具；对将O形圈拉伸安装的，轴上滑行面应光滑并涂润滑剂，O形圈应迅速滑至槽内。不得用滚动方法、手拉伸方法将O形圈套入槽内。O形圈装入槽内应无扭曲、松弛、划痕等缺陷，一般装后停一段时间，让伸张的O形圈恢复原形后，才可上盖。对于有挡圈的O形圈结构，安装时不得去掉挡圈。O形圈在装配时，压缩变形率为16%～30%。

在填料的安装中，严禁以小代大。在填料宽度不合适的情况下，允许用比填料函槽宽1～2mm的填料代替，不允许用锤子打扁，应用平板或碾子均匀地压扁。

在安装过程中，填料的压紧力应根据介质的压力和填料性能等因素来确定。一般而言，同等条件的橡胶、聚四氟乙烯、柔性石墨填料用较小的压紧力就可密封，石墨填料环要用较大的压紧力。填料压紧力应在保证密封的前提下，尽量减小。

6.5 拆卸分解

6.5.1 工艺步骤

准备工作：

① 按阀门所需规格选好扳手、螺钉旋具、撬杠、加力杠、顶丝等工具。

② 准备适量棉纱、洗涤剂，按阀门规格准备好阀门端面密封垫、填料、润滑油等。

操作步骤：

① 操作阀门至全开位置。

② 截断被拆闸阀前后控制阀，放空管内剩余介质。

③ 用扳手拆卸闸阀与管道连接的法兰螺栓，用吊索拴住闸阀的适当部位，用合适的起重设备吊起闸阀。

④ 拆开中法兰，检查、清洗阀腔、闸板、阀杆头部、中法兰密封垫等。

⑤ 有破损的中法兰密封垫需重新更换，安装前在密封垫两面涂抹一层黄油。

⑥ 清洗完毕后，将阀杆套入闸板，将闸板导向槽与阀体导向筋对准，装入阀体，转动手轮，使两法兰靠拢对正，装入螺栓，对角紧固螺母。

⑦ 调试完毕，按阀门相应试验规程进行压力试验。

⑧ 收拾工具，打扫现场。

阀门如何解体：

① 将表面清理干净。

② 在阀体及阀盖上打上记号，然后开启阀门。

③ 拆下传动装置或拆下手轮螺母，取下手轮。

④ 拆下法兰螺栓，退下法兰，取下盘根。

⑤ 拆下阀盖螺母、阀盖和垫子。

⑥ 旋出阀杆，取下阀芯。

⑦ 拆下螺栓、螺母和平面轴承，将所有的零件放好。

6.5.2 注意事项

① 拆装时，严禁碰撞闸板和阀座密封面，并注意闸板的安装面方向，可在拆出前做好标记。

② 所有零部件应彻底清洗干净。

③ 各个零件应尽可能保证按原状装入，并调整到合理位置。

④ 拆下的零件应按次序摆放，不应落地、划伤、锈蚀等。

⑤ 拆、装螺栓组时应对角依次拧松或拧紧。

⑥ 需顶出零件时，应使用铜棒适度击打，切忌用钢铁棒。

6.5.3 零件的检查及校正

① 正确选用填料；

② 按正确的方法进行装填；

③ 阀杆加工不合格的，要修理或更换，表面粗糙度要满足相关要求，且无其他缺陷；

④ 采取保护措施，防止锈蚀，已经锈蚀的要更换；

⑤ 阀杆弯曲要校直或更新；

⑥ 填料使用一定时间后，要更换；

⑦ 操作要注意平衡，缓开缓关，防止温度剧变或介质冲击。

6.6 测量与测绘

根据具体拆装需求进行关键零部件的测绘，其中测量器材、测量方法、测量要点、测量步骤等根据需求在3.3节中查阅，并做好测绘记录表（表6-4）。

表6-4 测绘记录表

测量项目		第1次	第2次	第3次	第4次	第5次	第6次	平均值
装配参数的测量	拆卸前							
	组装后							
形态参数的测量								
测量器材								
测量方法								
测量要点								
测量步骤								

6.7 阀门组装步骤

① 把平面轴承涂上黄油，连同螺栓套筒一起装入阀盖支架上的轴承座内。

② 把阀瓣装在阀板上，拧紧锁紧螺母或连接螺母。

③ 将阀杆穿入填料盒内，再套上填料底环压盖，旋入螺栓套筒中，调至全开位置。

④ 将阀体、阀瓣清理干净。

⑤ 将垫片装入阀体与阀盖的法兰之间，然后把组装好的阀盖正确地扣在阀体上。

⑥ 对称、均匀地紧好螺栓，法兰不得歪斜。

⑦ 按要求添加盘根。

6.8 实习记录内容

① 拆装过程测量参数记录（表 6-5）。

表 6-5 阀门的拆装过程记录表

<table>
<tr><td rowspan="2">拆件数量</td><td>零件</td><td colspan="10"></td></tr>
<tr><td>部件</td><td colspan="10"></td></tr>
<tr><td colspan="2">零部件有无丢失</td><td colspan="10"></td></tr>
<tr><td colspan="2">零部件有无损坏</td><td colspan="10"></td></tr>
<tr><td colspan="2">有无装配不上的情况</td><td colspan="10"></td></tr>
<tr><td colspan="2">拆装步骤出错情况</td><td colspan="10"></td></tr>
<tr><td colspan="2" rowspan="2">拆装速度</td><td>第 1 次</td><td>第 2 次</td><td>第 3 次</td><td>第 4 次</td><td>第 5 次</td><td>第 6 次</td><td>第 7 次</td><td>第 8 次</td><td>第 9 次</td><td>第 10 次</td></tr>
<tr><td></td><td></td><td></td><td></td><td></td><td></td><td></td><td></td><td></td><td></td></tr>
</table>

② 拆装过程照片记录。

6.9 作业

① 完成拆装零件的测绘图。

② 完成实习报告。

6.10 实习报告模板

实习报告模板如表 6-6 所示。

表 6-6 《拆装实习》报告

实验实训序号：　　　　　　　　　　　　　　　　　　　　　　　　　实验实训项目名称：

<table>
<tr><td>学号</td><td></td><td>姓名</td><td></td><td>专业、班级</td><td></td></tr>
<tr><td>实验地点</td><td></td><td>指导教师</td><td></td><td>时间</td><td></td></tr>
<tr><td colspan="6">一、实习目的

二、实习设备

三、实习内容及心得

</td></tr>
<tr><td colspan="5">教师评语

签名：
日期：</td><td>成绩</td></tr>
</table>

第 7 章 虚拟拆装

7.1 虚拟拆装的认识

7.1.1 基本概念

虚拟拆装分为虚拟拆卸和虚拟装配。虚拟装配是一种零件模型按约束关系进行重新组装的过程，根据拆装产品的形状特性、精度特性，真实地模拟产品三维装配过程，允许用户以交互方式控制产品的三维真实模拟装配过程。虚拟拆卸在实现上基本与虚拟装配互为逆过程。机械设备在教学培训时涉及大量的机器、设备，体积庞大，结构复杂，难以观察设备内部结构和原理，学生在学习时掌握困难，而且效率低、成本高。虚拟拆装却可以更好地让学生了解掌握这些知识。

设备工作原理的三维仿真是应用计算机技术对设备操作过程及设备运行逻辑的数字化模拟技术。该技术面向实际操作过程的仿真操作，设备运行过程三维动态的逼真再现能使每一位学生对设备的操作流程及运作关系建立感性认识，可以反复动手进行设备操作，有效解决了设备昂贵和能源成本高的问题，解决了无法一人一机的问题，使学生更好地掌握设备的操作过程，更好地了解设备动作过程。

拆装工具部分主要使用三维仿真的手段来介绍常用的各种拆装工具，培训的主要目的是让学生了解各种维修工具的外形、外观。

引导式拆装部分主要用文字提示的方式让学生熟悉使用何种工具对设备进行拆装，主要目的是让学生了解维修中工具的选择和使用顺序。

自主拆装练习则是在虚拟环境中对机械进行拆装，没有任何提示，考查学生对机械拆装的熟练度。学生通过交互式的拆装能更进一步了解如何选择相对应的工具对机械进行拆装。

7.1.2 实物拆装存在的问题

实物拆装训练存在以下问题：

① 在实训过程中，操作不当易导致教学用具的损耗，长时间的使用可能导致部分教具零件丢失、受损，影响学生的正常使用。

② 装备技术结构迭代速度快、零部件类型多样化，难以保证有足够的新式教具供拆装实训使用，易造成学校教学与时代脱节，不利于学生了解最新的前沿技术。

③ 现有的拆装教学方式不利于学生自学。由于实验室开放时间的限制，学生个性化

的学习需求无法满足。

④ 传统教学不够生动形象，不利于提高学生积极性。学生在课堂上接触到的零部件均为静态展示，不利于其对工作原理的理解和学习。

⑤ 过程装备零部件的形态尺寸和重量往往较大，在实训的教学过程中，学生在没有实践经验的情况下直接操作，存在倾倒扎伤、触电等安全风险，导致设备损坏或人身安全事故，增加设备维修费用，也增加了学生和老师的心理压力，导致老师有顾虑，不敢让学生操作，学生不愿动手操作的情况，不利于实训教学活动的开展。

虚拟拆装既是训练课内容不足的一种解决途径，也是一种较好的教学补充，课前学生可以将虚拟拆装作为预习或正式拆装前的演练工具，课后还可为学生自由复习所用，以此来丰富传统的实训课程。

7.1.3 虚拟拆装训练系统软件

系统使用三维引擎，结合音频、视频和文字介绍等多媒体手段构建，启动后首先显示启动界面，启动界面中包含：

① 维修工具介绍按钮。点击后即可开始对维修工具的介绍，使用三维数据重构的方式来完成对现有工具的三维数字化，并可以在系统中进行 360°旋转观看。

② 引导拆装按钮。点击后三维程序进入到引导拆装系统，界面上会有信息提示框、工具选择栏、设备部件存放栏。学员根据信息提示内容选择对应的部件和工具进行拆装，如选择错误，系统会给出对应的提示，学员通过提示进行完整拆装过程。

③ 自主拆装按钮。点击后三维程序进入到自主拆装系统，界面上会有工具选择栏、设备部件存放栏、计时器、操作错误计数器。自主拆装没有操作提示，学员需要自己进行独立拆装，如拆装错误则不能进入到下一步骤，直到学员拆装正确。拆装结束后系统会根据学员的操作给出操作时间和操作错误次数。

④ 训练数据分析按钮。可以通过分析图表给出可视化的结果并打印出最终成绩。

7.2 清水离心泵的虚拟拆装

7.2.1 虚拟拆装平台的搭建

(1) 软件选择

虚拟装配技术，是基于计算机技术，在计算机中建造虚拟现实世界的技术。通过计算机建立与实体性质相同的环境和物体，就可以对现实活动进行计算机模拟。拆装训练与虚拟技术相结合，通过沉浸、互动和想象，使学生可以更好地了解拆装过程，熟悉拆装流程，实现重复多角度观看、支持快进拉动进度条、步骤列表等，使离心泵的拆装更加直观，有效提高离心泵拆装的熟练度。

Unity 3D 是目前各平台上广受好评的用于游戏制作与渲染的虚拟系统搭建平台。该软件可以基于框架导入各种不同类型的素材，同时具有很高的开源性，支持多种插件，可以更方便地对素材进行编辑和渲染，通过该软件做出的游戏以及虚拟拆装系统在各种场合都有看到。本系统基于 Unity 3D 平台的开发计划如下：系统开发流程大致可以归纳为两个阶段任务。第一阶段是导入素材，即导入由 SolidWorks 制作的三维模型，以及收集到的各种场景、音乐、材质等素材。第二阶段是将三维模型导入软件之后，参考现实的实际拆装过程，开始搭建虚拟场景、设计各种功能相关联的模块以及进行最终的查漏补缺。

离心泵虚拟拆装训练及零部件设计是以 IS200-150-400 型离心泵为仿真对象，利用 Unity 3D 软件搭建相关系统，可以实现离心泵自由拆卸、演示动画、网格化研究等功能，对离心泵相关领域的教学工作也能提供很大的助力。

（2）功能设计

在对软件系统进行设计的过程中，首先确定以高校拆装实训的补充为目的，旨在建立紧跟当前最新技术，能够帮助学生接触相关领域最新发展的虚拟拆装平台，为学生的实践提供补充。在系统中设计了主页提示、自由拆装、拆装动画三个主要模块，同时考虑到操作者可能对离心泵内部构造不够了解，提供拆装步骤进行辅助。此外，每个模块根据需要都设置了模型和网格两种形态，方便操作者对所拆装模型有充足了解。

该虚拟拆装系统涵盖拆装的方方面面，具有灵活性、流程化、系统性和成本低等特点，在充分缓解各个高校因为设备种类和数量欠缺带来的实际操作困境的同时，为企业和高校提供了有效的虚拟拆装系统，从而达到良好的教学和员工培训效果。

（3）离心泵拆卸流程梳理

在对 IS200-150-400 离心泵进行虚拟拆装之前，应对离心泵实际拆装流程进行了解，总结实际拆装步骤，进行记录，以方便后续离心泵虚拟拆装系统的搭建。离心泵一般拆卸流程如下：

① 把放油螺塞拧下来，在润滑油全部释放后，把电机拆除。

② 将泵体和轴承体的连接螺栓拆掉，将轴承、离心泵轴封、叶轮从泵体里拆除。

③ 拧开叶轮螺母，将叶轮和固定使用的键拆除。

④ 拆卸轴封体和机械密封时，首先把机械密封的密封环取出，在卸下填料压盖之后，取出填料即可。

⑤ 卸下机械密封的轴套和传动部分。

⑥ 最终拆下轴承压盖、泵轴及轴承。

7.2.2 利用 Unity 3D 软件制作虚拟拆装系统

拆装对象：通过 SolidWorks 建立的三维模型如图 7-1 所示。

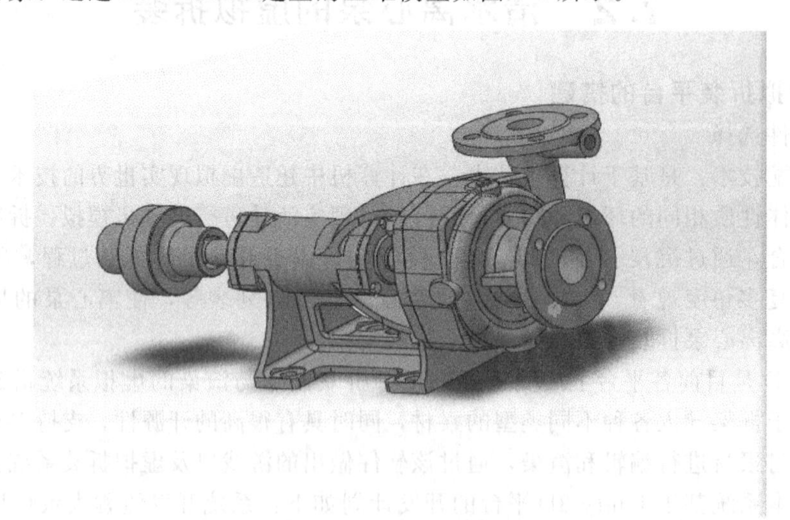

图 7-1 离心泵三维建模图

通过 Unity 3D 软件对虚拟拆装系统进行制作（图 7-2）。

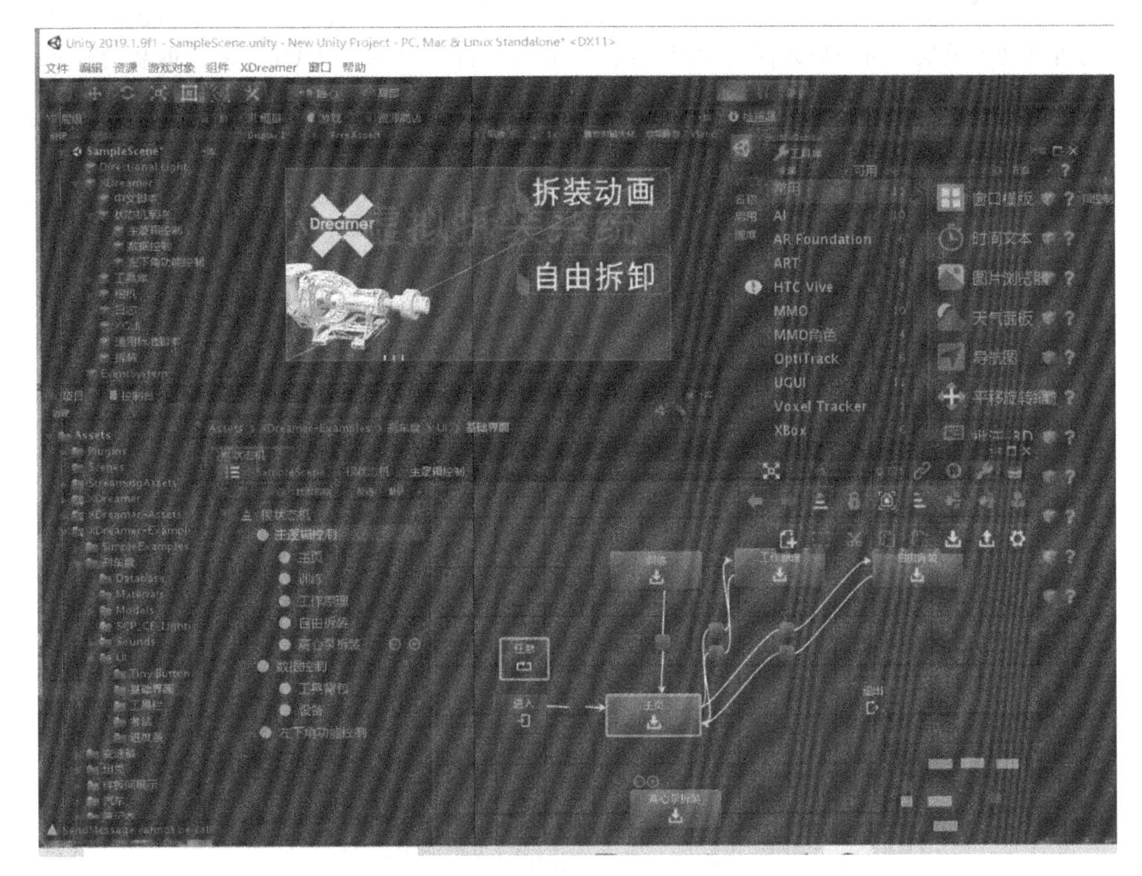

图 7-2　Unity 3D 主页面

(1) 主页设计

虚拟拆装系统主页，包含虚拟拆装系统名称、所拆卸模型、操作菜单和相应工作。在本系统中，主页面包括了三大部分：主页文本部分、左下角功能部分、实装功能菜单部分。主页文本部分包括虚拟拆装系统的名称、右上角 LOGO，左下角功能部分包括返回主页面功能、标注功能、网格功能、重置绕物相机功能，实装功能菜单包含本系统最终的两个功能：演示动画以及自由拆卸功能（图 7-3）。

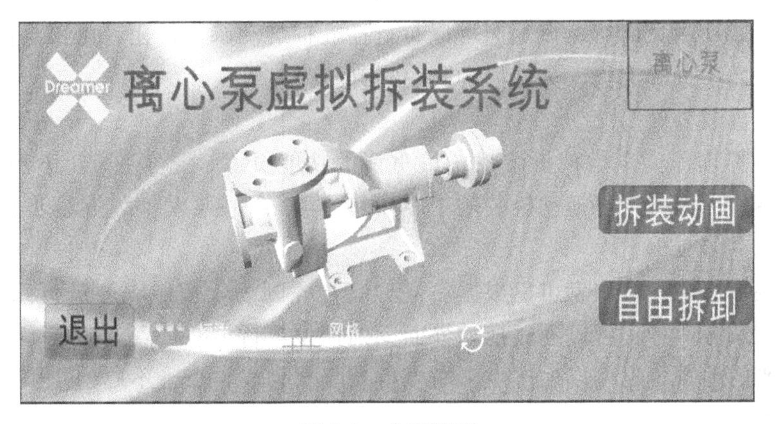

图 7-3　主页界面

为实现以上功能，在主逻辑状态机下建立主页状态模组（图 7-4）。模组内包括原理与拆装两大模块，负责导入拆装动画二级 UI 界面和自由拆装二级 UI 界面，拆装动画和自由拆卸功能分别在以上两个二级 UI 界面编辑，并最终实现。

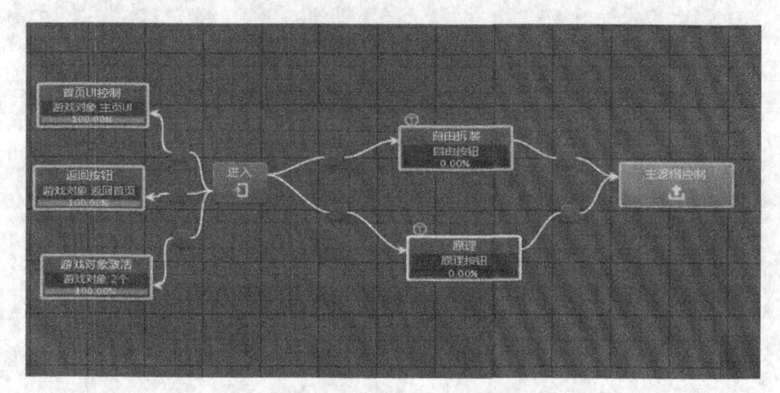

图 7-4　主页 UI 状态机逻辑图

（2）拆装动画设置

为了保证使用者更好地使用虚拟拆装系统、了解离心泵拆装流程，在虚拟拆装系统中添加了拆装动画页面（图 7-5）。

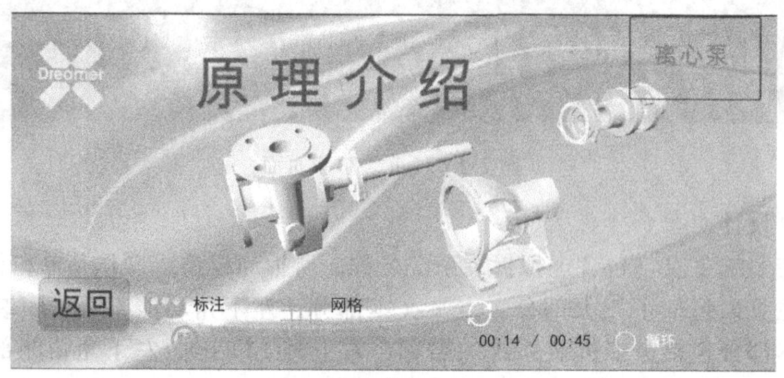

图 7-5　拆装动画页面

这一页面为主页下二级 UI 界面动画界面，主要包括演示动画、进度条、循环选项。使用者进入拆装动画页面后，该页面可以自行播放拆装动画，使用者可以自由拖拽镜头观看动画，迅速熟悉拆卸流程，为之后的自由拆卸打好基础。

（3）自由拆装界面

自由拆装界面作为本虚拟拆装系统最重要的功能页面，是主页 UI 下的二级功能 UI 界面。自由拆装界面包括可拖动拆装的 IS200-150-400 离心泵模型、拆装步骤列表以及网格化功能按钮（图 7-6）。

在该拆装界面内，使用者可以根据右侧拆装步骤列表，按照顺序进行系统性的拆装。进行拆装的方式有两种：可以通过拖动界面上的模型进行拆装，点击对应零件，就可以拉动零件去需要的地方；也可以通过点击右侧拆装步骤列表，点击不同的步骤就可以先后移动零件。

而网格化功能是为了使使用者能更好地理解拆装步骤，为使用者理解离心泵内部构造

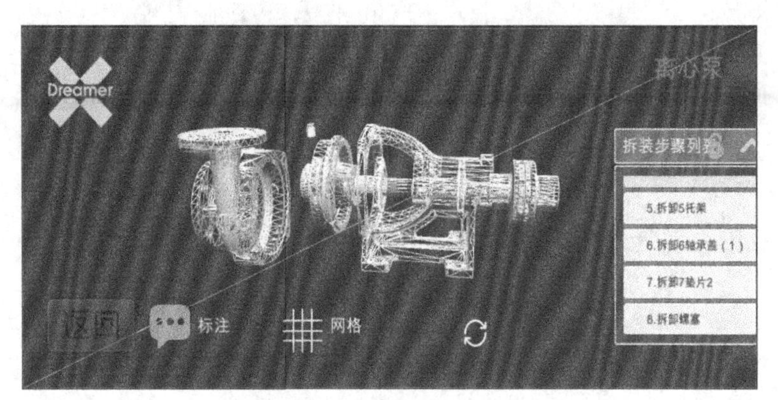

图 7-6　自由拆装界面

而设计的，可以通过界面下方的网格功能按钮确定是否开启。

（4）拆装逻辑动画后台模块组设计

该虚拟拆装系统的动画制作通过在主逻辑状态下搭建动画状态机实现。为更好搭建动画模块、方便调用零件，建立背包模组，其属于数据控制模组（图 7-7）。

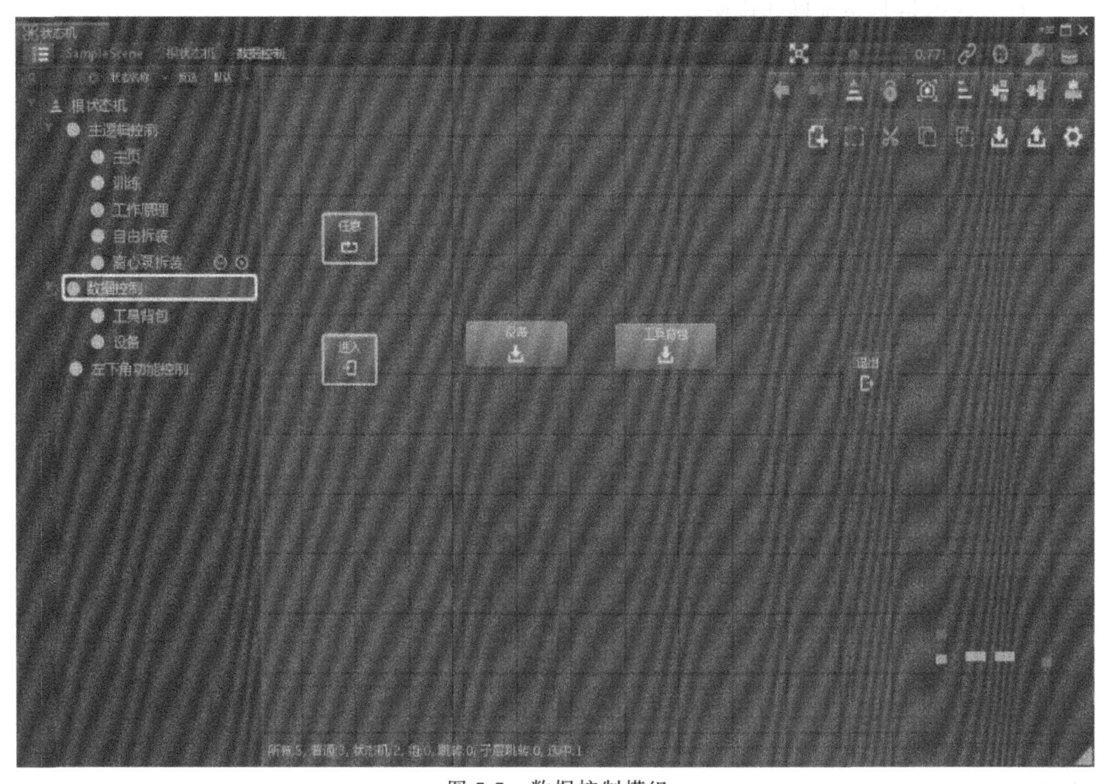

图 7-7　数据控制模组

在设置完成背包后，零件已经可以通过逻辑模组进行调用，在动画界面设置演示动画中，根据实际拆装的顺序，确定每个零件的运行轨迹，并搭建相对应的运行逻辑，最终实现所需功能（图 7-8）。

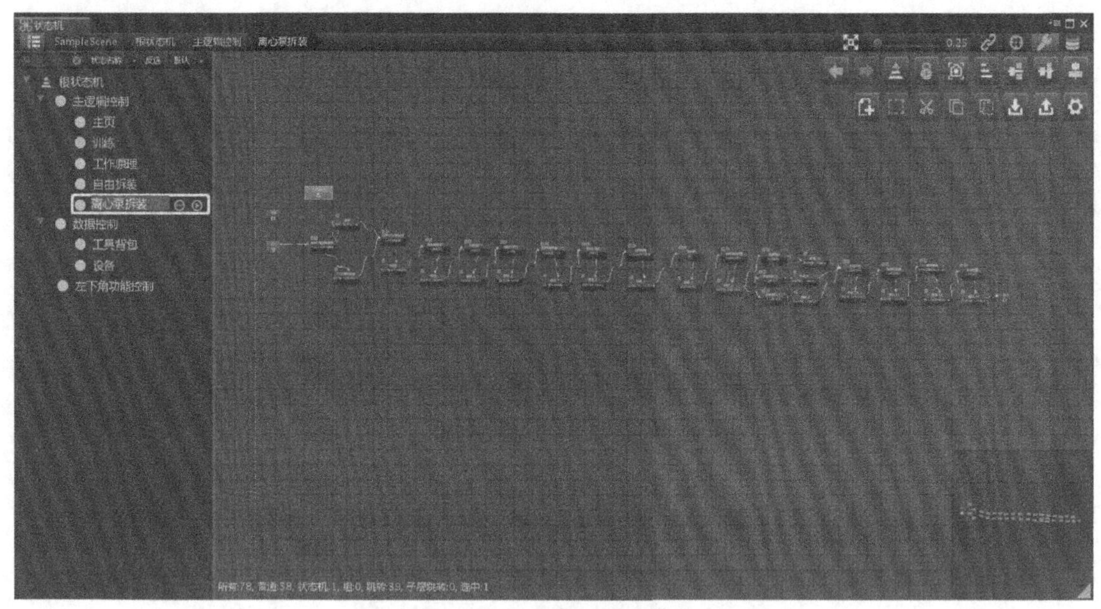

图 7-8　动画底层逻辑设置

(5) 虚拟拆装系统操作说明

在完成虚拟拆装平台的搭建后，对虚拟拆装平台进行检验调整，并总结虚拟拆装步骤如下：

① 点击虚拟拆装程序图标；

② 打开虚拟拆装程序，并熟悉基本操作；

③ 切换网格化，熟悉离心泵内部结构；

④ 点击拆装动画按钮，进入拆装动画页面；

⑤ 观看拆装动画，熟悉拆装流程，总结拆装经验，对不理解的步骤反复播放；

⑥ 返回主页，点击自由拆装按钮；

⑦ 进入自由拆装界面，根据拆装步骤进行自由拆装，完成拆装训练；

⑧ 返回主页面，点击退出按钮，退出程序。

7.2.3　拆装实训流程及总结

为了更好发挥虚拟拆装系统的作用，必须建立完善的实训流程，结合高校一般实训流程，总结离心泵虚拟拆装实训流程如图 7-9 所示。

通过 SolidWorks 进行离心泵三维建模，将三维模型导入 Unity 3D 中，搭建一套基于 IS200-150-400 离心泵拆装训练的虚拟拆装系统（图 7-10）。该系统包括拆装演示动画（图 7-11）、自由拆装（图 7-12）、网格化等多个功能，可以实现对离心泵拆装流程的学习和实践，具备低成本、高效率、可以紧跟离心泵领域最新设计的优点，具有较大的实用价值。

该系统结合了三维建模技术和虚拟仿真技术，设计内容包括使用 SolidWorks 建立的三维模型、模型涉及的计算、相关的装配图和零件图。通过 Unity 3D 搭建的虚拟拆装系统，后续可以通过搭载更多模组实现更多功能，最终成为一个涵盖各类机械拆装的虚拟拆装平台。

图 7-9 离心泵实训流程图

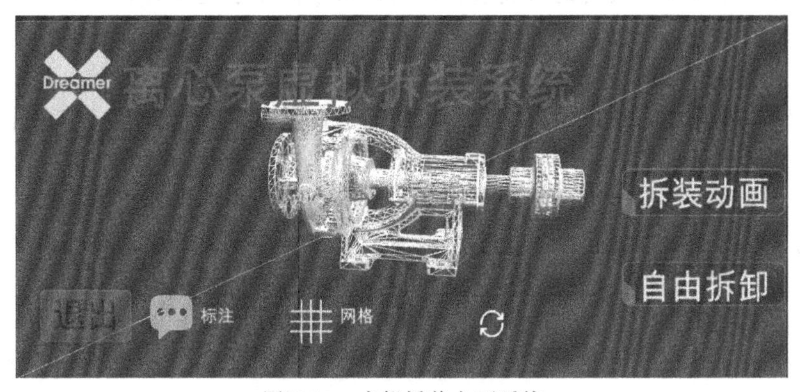

图 7-10 虚拟拆装主页系统

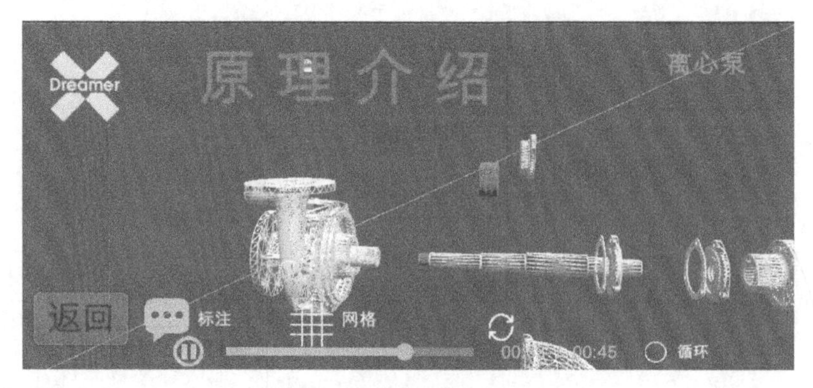

图 7-11　原理介绍页面

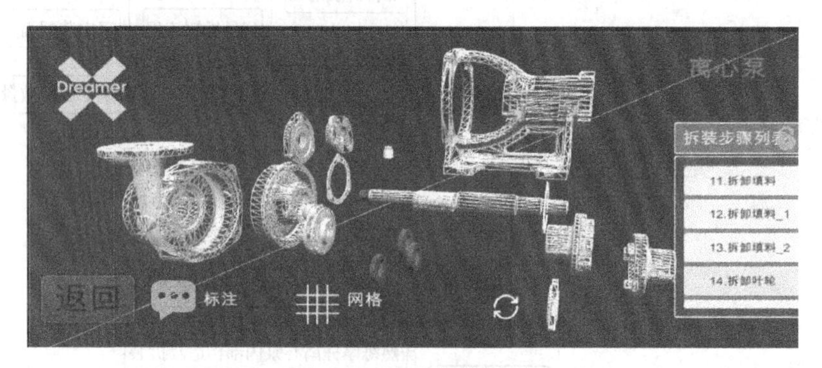

图 7-12　自由拆装页面

7.3　浮头式换热器的虚拟拆装

虚拟拆装训练系统主要设计了三大功能模块：VR 教学演示、自主练习和虚拟考试。

（1）VR 教学演示模块

用户不再受到实地观察和视频录制角度的制约，可以通过鼠标点击拖拽实现 360°观察设备的每个零部件，同时系统将以步骤列表和时间轴的方式对应操作步骤。教学演示主要以三维动画的方式展示设备的拆装过程，用户可根据需求选择观看步骤，通过点击步骤列表或拖拽时间轴进行重复多次的学习。

（2）自主练习模块

在自主练习模块中，用户根据步骤列表的提示，通过鼠标点击对应零部件进行模拟拆卸。系统设计有提示功能，当用户在选择下一步零部件正确/错误时，都会有正确/错误的提示显示。点击提示按钮也可以自动实现下一步动画。用户可以通过以上操作对拆装步骤进行反复练习，巩固、加深自己的记忆。增加了自由拆卸模块，用户可在自由拆卸模块中通过鼠标点击拖拽零部件到任意位置，以便更好地观察零部件结构。

（3）虚拟考试模块

系统提供拆装操作的考核，并对学习情况和效果进行评价与统计分析。在该模块中，用户将按照正确的拆卸步骤进行答题，系统对每一步操作预设了分值，可以根据操作步骤和完成情况进行计分，并将测试结果记录到对应的数据库中。

7.3.1 拆装对象结构组成

浮头式换热器的基本组成部件有管箱、固定管板、壳体、传热管、折流板、浮动管板、钩圈和浮头盖等，如图 7-13 所示。

浮头式换热器是用法兰把管束一端的管板固定到壳体上，另一端可相对管板自由移动，并在该端管板上加一顶盖，合称为“浮头”。浮头由浮动管板、钩圈和浮头盖组成，结构是可拆连接。管束可从壳体中抽出，这种结构的好处在于管束与壳体不受热变形的约束，更不会产生热应力，相对来说为检修、清洗提供了方便。钩圈与浮头法兰依靠凹凸密封面配合，之间钻孔设多个螺柱均布，分程隔板与浮头法兰密封面相通并位于同一端面，并且管板凹面相匹配，该浮头法兰与无折边球面封头组配焊接为浮头盖。

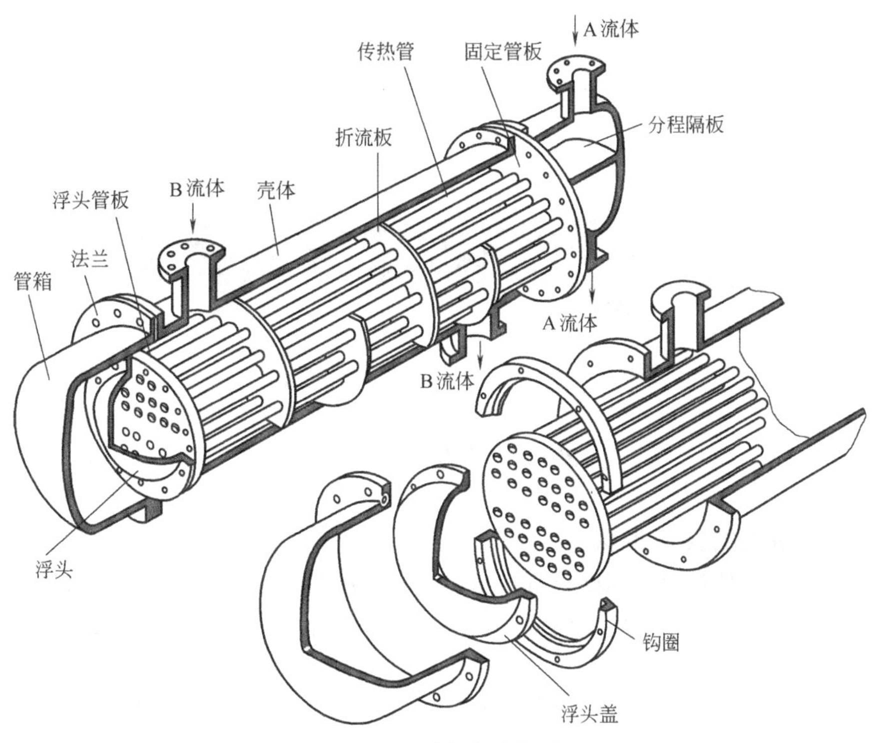

图 7-13　浮头式换热器

7.3.2 虚拟拆装对象的三维建模

由于本系统选用 Unity 3D 作为开发平台，需要用 SolidWorks 作为设备三维模型的建模软件。在建模时，参照前面设计部分的数据和收集的设备真实图片等资料，保证建立的设备三维模型与真实设备尺寸、规格、外形等保持一致。Unity 3D 软件能识别的三维模型文件格式为 FBX 格式，但 SolidWorks 建模软件不能直接导出 FBX 格式，需要先将模型导入 3DS MAX 软件中。3DS MAX 软件具有强大的网格划分、模型渲染等功能，可先在 3DS MAX 软件中对模型进行渲染，对模型进行轻量化处理，将看不见的点、线、面等删除，从而减少设备模型在 Unity 3D 场景中所占资源。最后将经 3DS MAX 软件处理的模型导出为 FBX 格式文件，再导入到 Unity 3D 中。步骤如图 7-14 所示。SolidWorks 建模软件建立的换热器三

图 7-14　模型建立与优化

维模型见图 7-15。

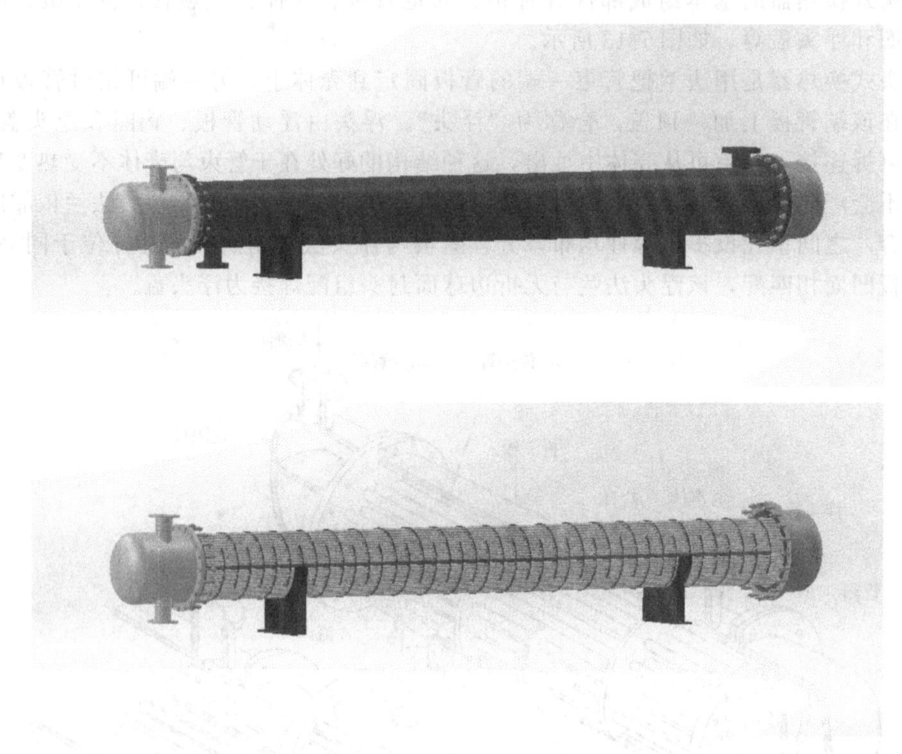

图 7-15　换热器三维模型图

7.3.3　拆装功能的实现步骤

通过 Unity 3D 软件以及 XDreamer 插件，对系统界面以及功能实现从以下几方面进行设计：UI 界面功能设计；导入模型；UI 交互界面制作；UI 交互界面交互制作；零件、背包系统制作；制作拆卸任务；制作学习界面功能；制作练习界面功能；制作考试界面功能；制作自由拆卸界面功能；制作左下角功能界面功能。虚拟拆装训练系统的部分截图如图 7-16 所示。

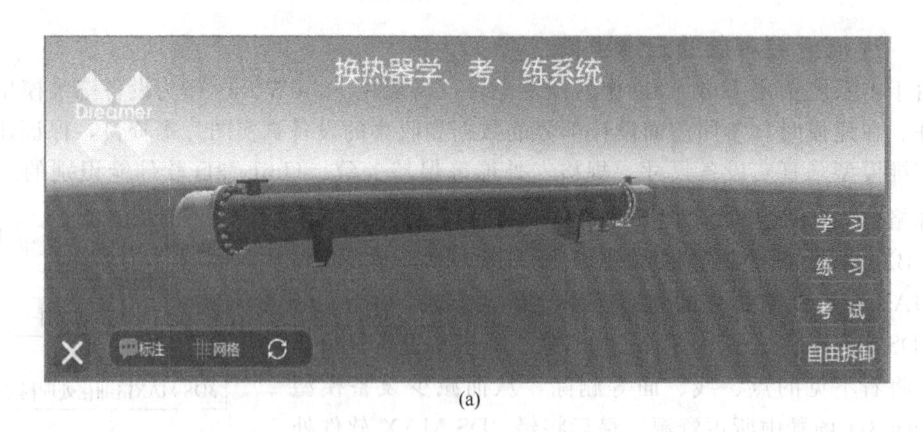

(a)

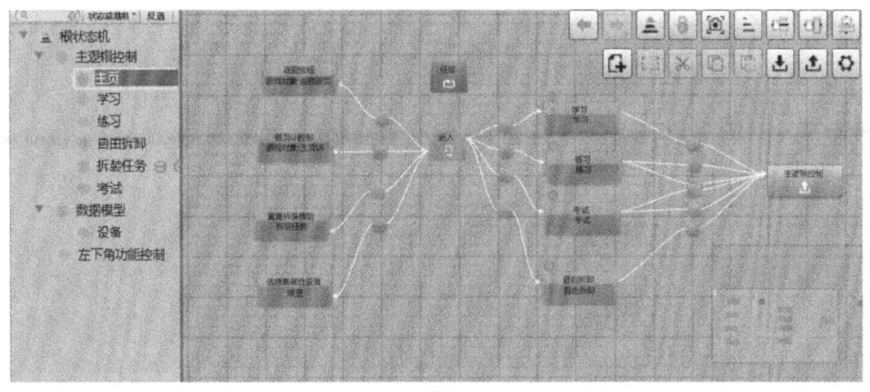
根状态机
主逻辑控制
主页
学习
练习
自由拆卸
拆装任务
考试
数据模型
设备
左下角功能控制

(b)

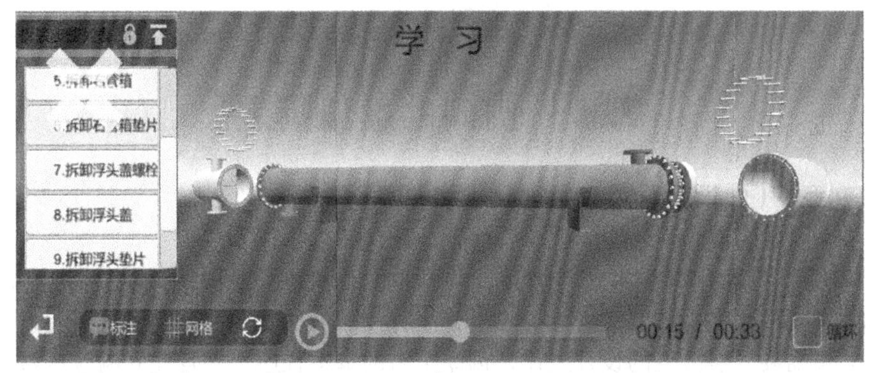
学 习
7.拆卸浮头盖螺栓
8.拆卸浮头盖
9.拆卸浮头垫片
标注
网格
00:15 / 00:33
循环

(c)

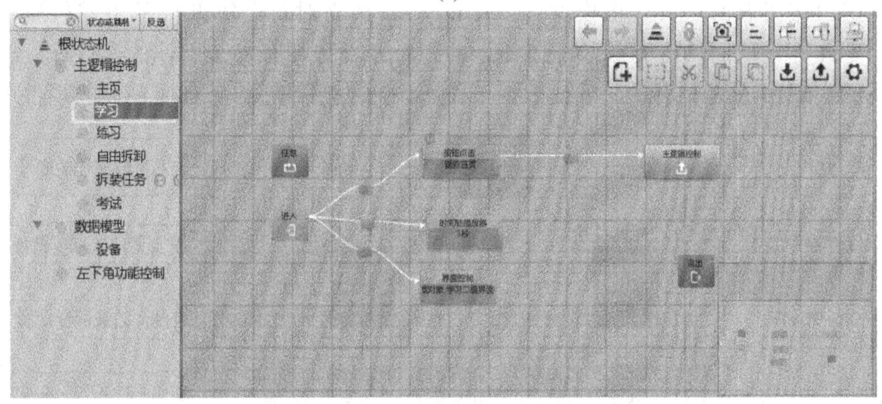
根状态机
主逻辑控制
主页
学习
练习
自由拆卸
拆装任务
考试
数据模型
设备
左下角功能控制

(d)

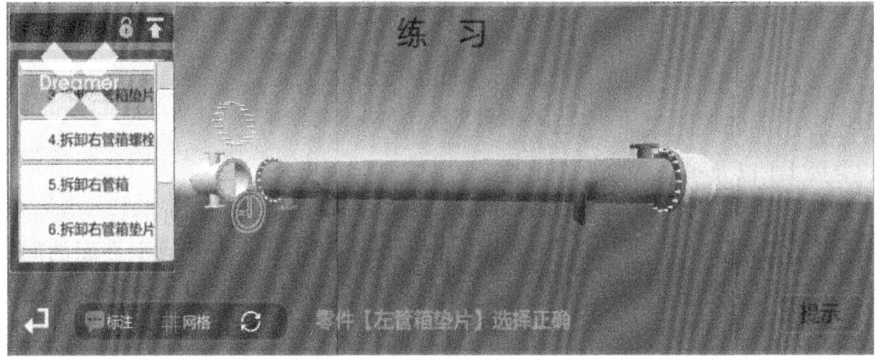
练 习
4.拆卸右管箱螺栓
5.拆卸右管箱
6.拆卸右管箱垫片
标注
网格
零件【左管箱垫片】选择正确
提示

(e)

图 7-16

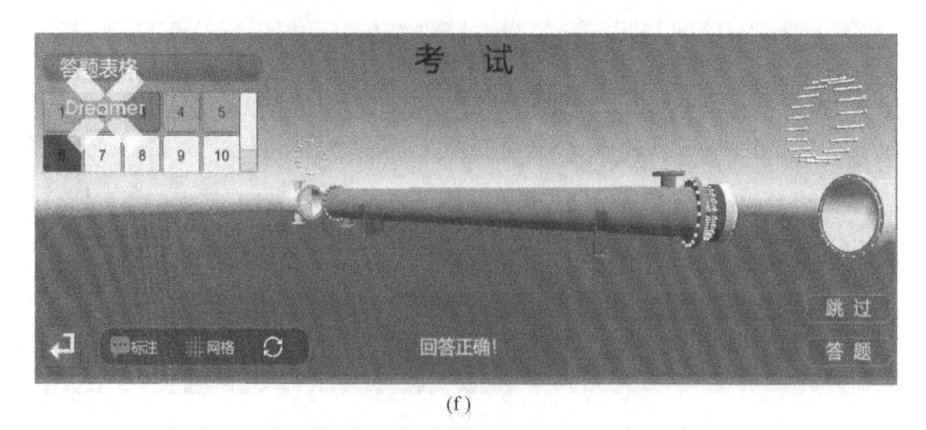

(f)

图 7-16 虚拟拆装训练系统部分截图

7.4 闸阀的虚拟拆装

7.4.1 交互 UI 的设计及策划

(1) 交互 UI 的设计

首页 UI 及子页面 UI 为拆装模型设计的基本操作框架（图 7-17），首页 UI 以及子页面 UI 之间的逻辑交互功能是模型展示以及拆装操作的窗口。在设计闸阀拆装系统界面之前，实验人员需要开展按钮的设计工作，创立全新的脚本程序，并且建立响应函数，功能实现后借助退出按钮返回首页。将模型导入 Unity 3D 后需对每个零部件赋予零件属性并且创建相应的零件库，从而使得闸阀装配体模型的每个零部件拥有一个整体的零件库，为后续的拆装功能的实现创造基本条件，后续拆装工作所调用的零部件均来自所创建的零件库。

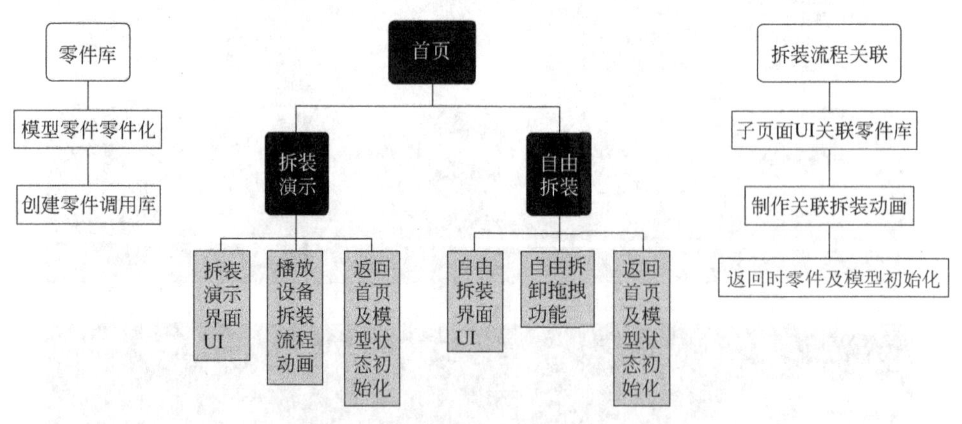

图 7-17 拆装模型设计的基本操作框架

(2) 主页 UI 以及子页面 UI 的设计

主页 UI 包含拆装模型名称、两个主页关联的子页面按钮以及拆装模型的展示；子页面 UI 需包含模型以及返回主页功能按钮，在完成子页面任务后返回主页面的同时将模型初始化，并且在主页以及子页面可由鼠标拖动视角达到对所拆装模型的观察。主页及子页面 UI 的设计如图 7-18 所示。

7.4.2 页面 UI 的建立以及基本参数的设置

按照预期设计工作，对主页以及子页面 UI 进行制作，其结果如图 7-19 所示。

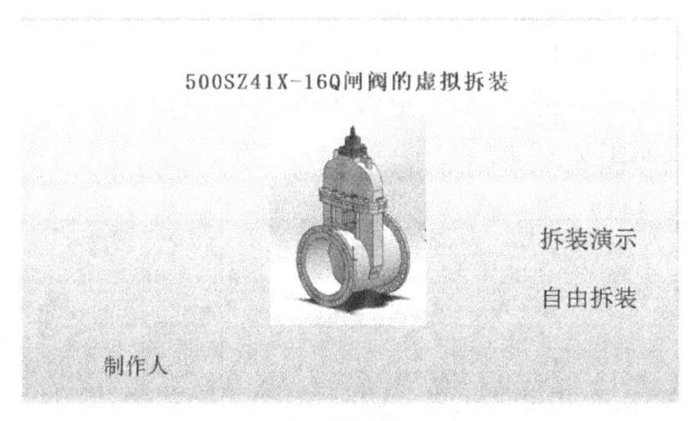

(a) 主页UI

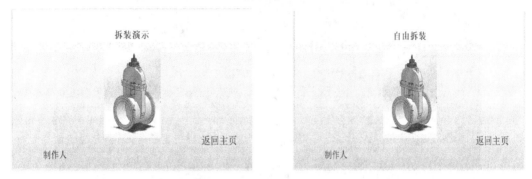

(b) 子页面UI

图 7-18　主页及子页面 UI 的设计

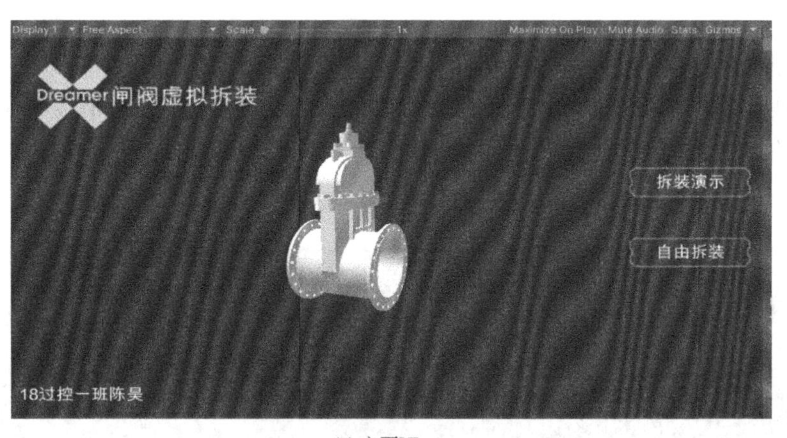

(a) 主页UI

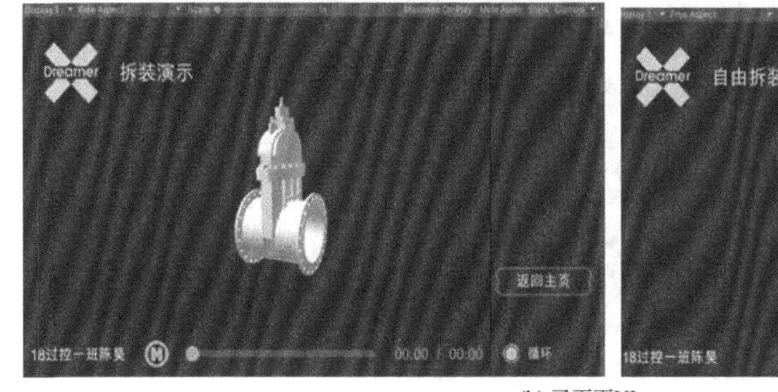

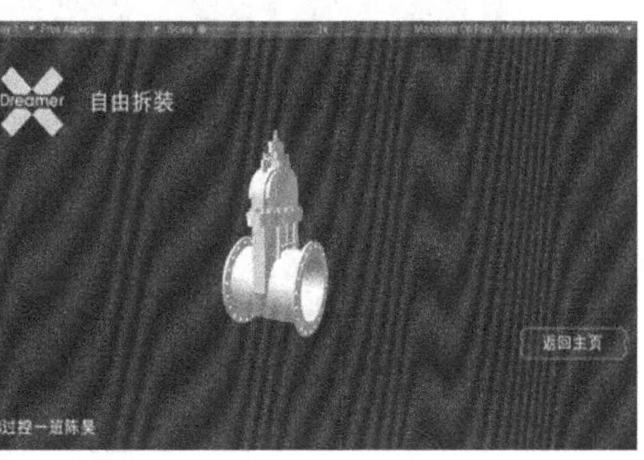

(b) 子页面UI

图 7-19　主页及子页面 UI

为实现整体界面视角可拖拽，需对拆装模型进行相机功能设置，将模型导入后调整相机观察角度，添加绕物相机，并且调整相机拖拽速度以及运动阻尼，使视角平移过程平缓。具体相机设置参数如图 7-20 所示。

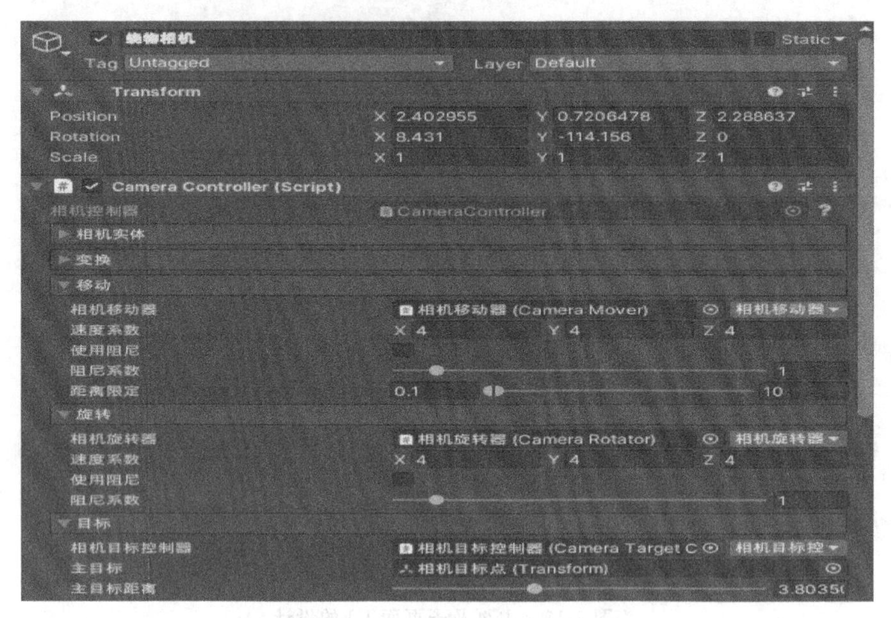

图 7-20　相机参数设置图

7.4.3　界面间交互逻辑的设置

拆装的基本框架选择为 Unity 3D 中的 Fungus 框架，输入相应的指令生成程序框图，每个单元具有独立的命令，将其模块化连接便可实现拆装任务。设置过程如图 7-21、图 7-22 所示。

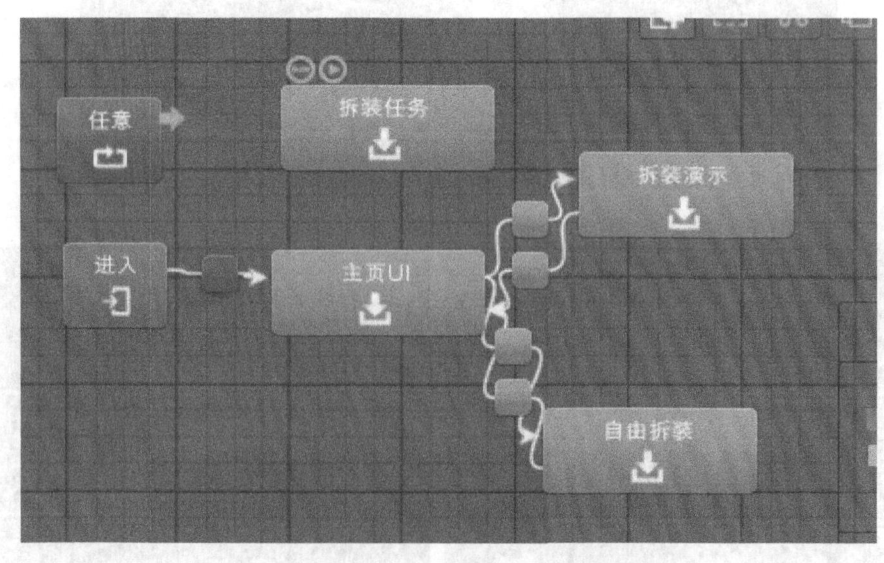

图 7-21　主页 UI 以及子页面 UI 交互逻辑图

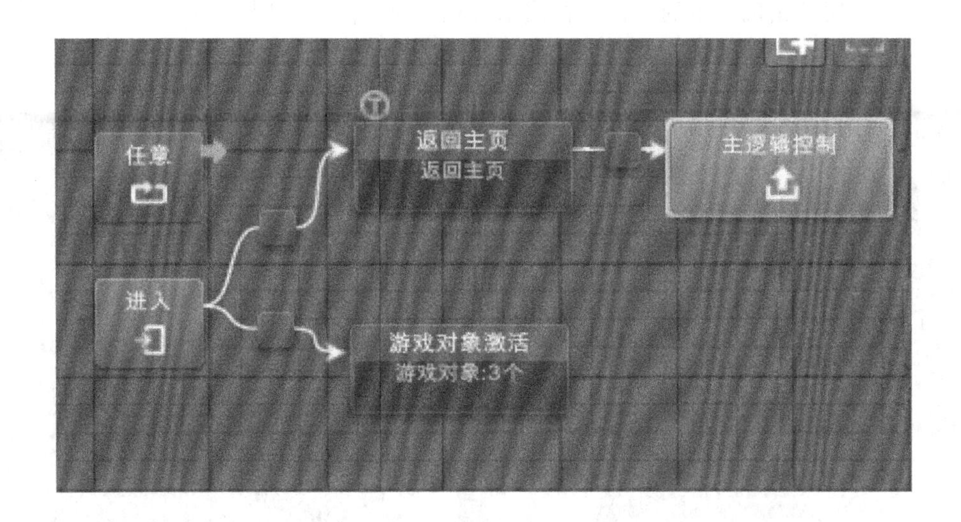

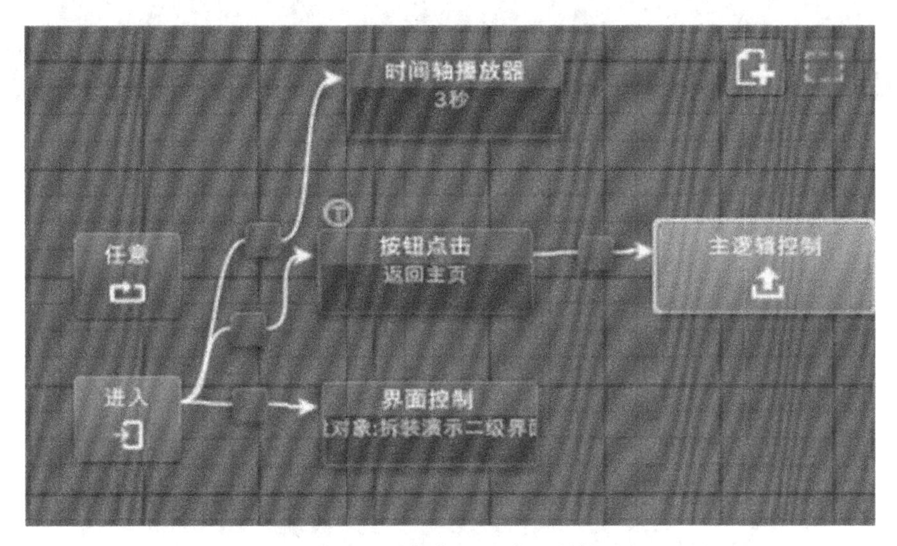

图 7-22　子页面 UI 交互逻辑

7.4.4　零件库的创建以及拆装动画的制作

模型导入 Unity 3D 后虽可以实现自由拖拽但模型空间位置未固定，且单独零部件无法识别，需创建相应零件库以及 Gizmo 渲染模型对所拆装的模型以及相机的空间位置进行定位。

（1）零件库的创建

500SZ41X-16Q 压式供水用闸阀装配体共计 37 个可自由活动零部件，在拆装过程中每个零部件均按照拆装顺序在三维空间中进行合理的运动。各个零部件需在条件满足的情况下顺利地进行拆装任务。

调用零件，将装配体模型中每个零部件与之关联，创建零件库，使之在后续拆装过程中可以调用。调用结果如图 7-23 所示。

（2）Gizmo 渲染模型的创建

Gizmo 渲染模型为相机以及模型定位工具，模型在拆装过程中因为零部件的移动从而空间位置发生改变，使得跟随相机的视角发生偏移。Gizmo 渲染模型为虚拟体，仅在制作过程中显示，用于相机视角的定位，在演示过程中自动隐藏（图 7-24）。

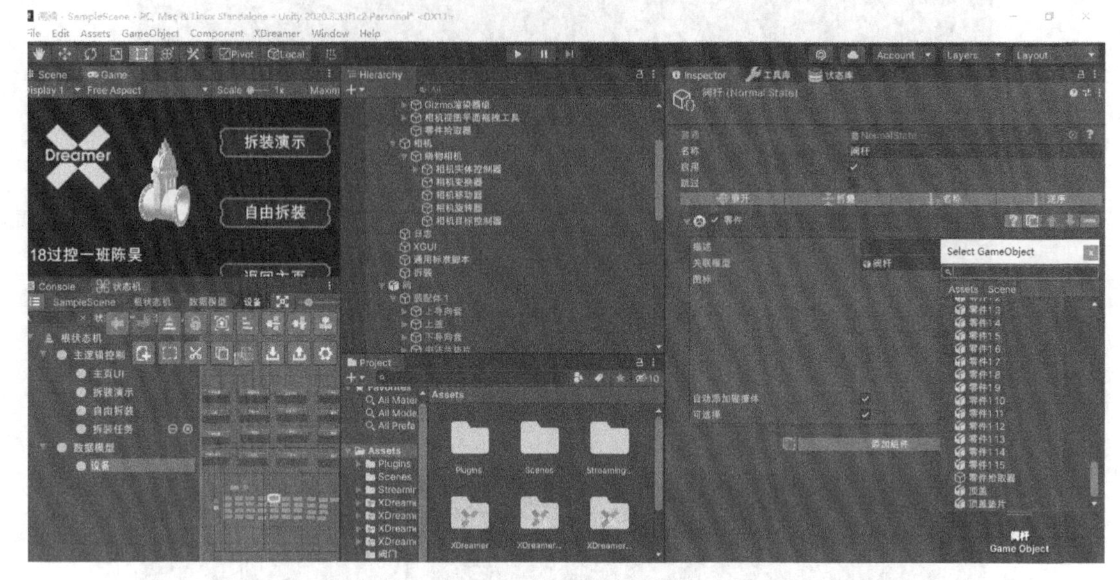

图 7-23　调用零件展示图

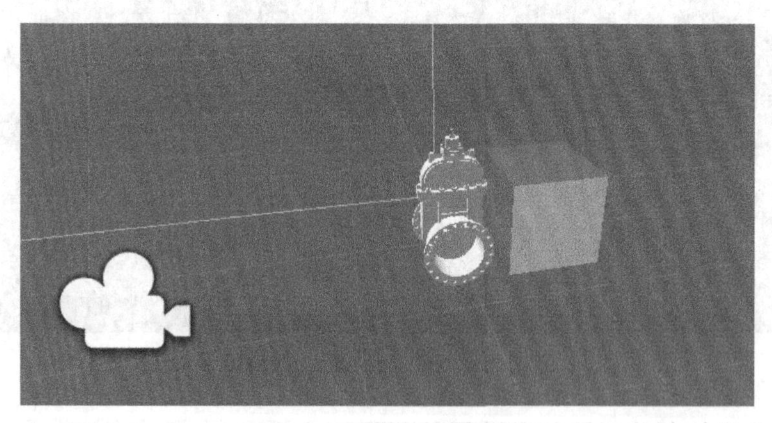

图 7-24　Gizmo 渲染模型图

（3）拆装演示功能

500SZ41X-16Q 闸阀的拆装过程中，其零部件的拆装关系为串联关系，即上一个零部件完成拆装任务，下一个零部件紧随其后开始拆装任务。将拆装顺序规划完成后，设计计算每个零部件在空间中的运动轨迹以及先后离开顺序，将其串联，拆装工作即可完成，拆装关联及其坐标在空间的移动位置和时间如图 7-25 所示。

（4）自由拆装功能

在 Unity 3D 中，脚本为一种特殊功能组件，加载到对应场景中后，用来实现交互工作以及其他功能。脚本逻辑控制原理是通过访问对象和访问组件来完成的，之后生产代码进行逻辑控制。

自由拆装功能意为在自由拆装二级界面下可实现对零部件的自由拖拽功能。在赋予模型零件属性后，模型零部件已经实现可自由拖拽功能，但零部件缺乏物理属性以及

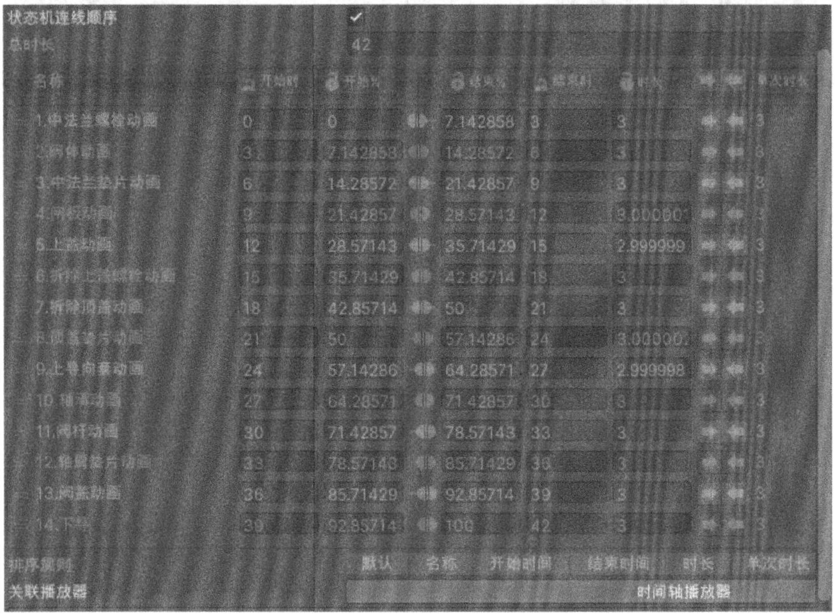

状态机连线顺序	✓					
总时长	42					
名称	开始时	开始%	结束%	结束时	时长	单次时长
1.中法兰螺栓动画	0	0	7.142858	3	3	3
2.阀体动画	3	7.142858	14.28572	6	3	3
3.中法兰垫片动画	6	14.28572	21.42857	9	3	3
4.[illegible]	9	21.42857	28.57143	12	3.000001	3
5.上盖动画	12	28.57143	35.71429	15	2.999999	3
6.[illegible]	15	35.71429	42.85714	18	3	3
7.拆除顶盖动画	18	42.85714	50	21	3	3
8.[illegible]	21	50	57.14286	24	3.00000	3
9.上导向套动画	24	57.14286	64.28571	27	2.999998	3
10.轴承动画	27	64.28571	71.42857	30	3	3
11.阀杆动画	30	71.42857	78.57143	33	3	3
12.轴承垫片动画	33	78.57143	85.71429	36	3	3
13.阀盖动画	36	85.71429	92.85714	39	3	3
14.下[illegible]	39	92.85714	100	42	3	3
排序规则	默认	名称	开始时间	结束时间	时长	单次时长
关联播放器	时间轴播放器					

图 7-25　零件位置和时间变化图

空间限制，需对零部件赋予相应的物理属性，从而达到一键拖拽功能。功能实现如图 7-26 所示。

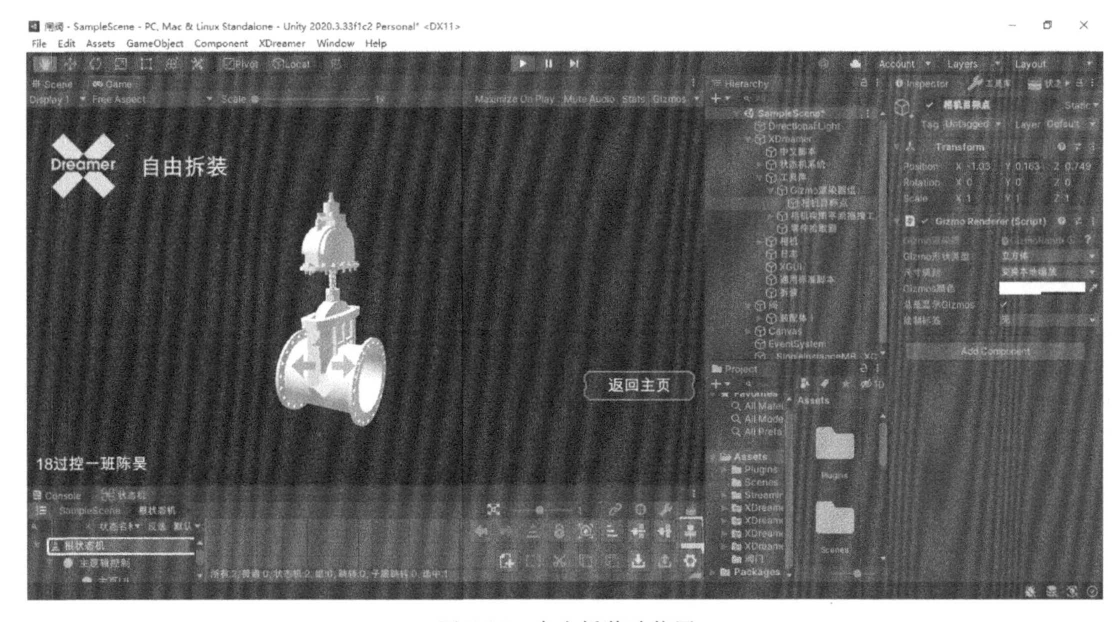

图 7-26　自由拆装功能图

（5）模型初始化功能

在子页面拆装任务完成后，与其关联的模型在完成子页面程序后会保留其最终状态，需添加模型初始化功能使得任一子页面程序实现后主页面模型恢复最初状态。功能实现如图 7-27 所示。

图 7-27 模型初始化功能

(6) 拆装结果

根据 Unity 3D 最终完成拆装演示，即 500SZ41X-16Q 闸阀的虚拟拆装工作完成，符合设计要求。

附录 化工机械拆装风险辨识、防范与处理

F.1 触电事故现场处置方案

事故类型	触电事故
可能发生事故的地点	现场所有存在电源线、电气设备的区域
处置措施	自救方法： (1)一旦触电，附近又无人救援，此时务须镇静自救。在触电后的最初几秒内，人的意识并未完全丧失，触电者可用另一只手抓住电线绝缘处，把电线拉出，摆脱触电状态 (2)如果触电时电线或电器固定在墙上，可用脚猛蹬墙壁，同时身体往后倒，借助身体重量甩开电源 低压触电事故脱离电源方法： 立即拉掉开关、拔出插销，切断电源。如电源开关距离太远，用有绝缘柄的钳子或用有木柄的斧子断开电源线，或者用木板等绝缘物插入触电者身下，以隔断流经人体的电流。当电线搭落在触电者身上时，可用干燥的衣服、手套、绳索、木板、木棍等绝缘物作为工具，拉开触电者或挑开电线，使触电者脱离电源 高压触电事故脱离电源方法： (1)立即通知有关部门停电。戴上绝缘手套，穿上绝缘鞋，用相应电压等级的绝缘工具拉开开关。抛掷一端可靠接地的裸金属线使线路接地，迫使保护装置动作，断开电源 (2)当发现有人触电后，现场有关人员立即向周围人员呼救，采取相应抢救措施，同时向部门负责人报告。如有人受伤，应拨打120与当地急救中心取得联系，详细说明事故地点、严重程度、联系电话，并派人到路口接应。事故第一发现者应立即向车间负责人报告
本岗位应急处置装备	灭火器、急救箱等

F.2 机械伤害现场处置方案

事故类型	机械伤害
可能发生事故的地点	所有人体可以接触到的机械设备区域，如机械加工、风机、机泵等运动机件存在场所
处置措施	(1)当发现有人受伤后，应立即关闭运转机械，现场有关人员立即向周围人员呼救，同时向车间负责人报告 (2)立即对伤者进行包扎、止血、止痛、消毒、固定等临时措施，防止伤情恶化。如有断肢等情况，及时用干净毛巾、手绢、布片包好，放在无裂纹的塑料袋或胶皮袋内，袋口扎紧，在袋周围放置冰块、雪糕等降温物品，不得在断肢处涂酒精、碘酒及其他消毒液 (3)同时应派人拨打急救电话，详细说明事故地点、严重程度、联系电话，并派人到路口接应。断肢随伤员一起运送 (4)若受伤人员出现骨折、休克或昏迷状况，应采取临时包扎止血措施，进行人工呼吸或胸外心脏按压，尽量努力抢救伤员
注意事项	(1)机械外伤中，一般直接损伤有时并不十分严重，但是由于伤后抢救处理不当，往往会加重损伤，造成不可挽回的严重后果 (2)重伤员运送应用担架。腹部创伤及脊柱损伤者，应用卧位运送；胸部伤者一般取卧位；颅脑损伤者一般取仰卧偏头或侧卧位 (3)抢救失血者，应先进行止血；抢救休克者，应采取保暖措施，防止热损耗 (4)备齐必要的应急救援物资，如车辆、医药箱、担架、氧气袋、止血带、通信设备等 (5)应保护好事故现场，等待事故调查组进行调查处理
本岗位应急处置装备	担架、急救箱等

F.3 高处坠落现场处置方案

事故类型	高处坠落
可能发生事故的地点	存在高处作业的区域，如检(维)修处于高处的管架、管路、线路等
处置措施	(1)发生高空坠落事故后，现场人员应当立即采取措施，切断或隔离危险源，防止救援过程中发生次生灾害并立即向车间负责人报告 (2)现场人员应做好受伤人员的现场救护工作。如受伤人员出现骨折、休克或昏迷状况，应采取临时包扎止血措施，进行人工呼吸或胸外心脏按压，尽量努力抢救伤员 (3)在伤员转送之前必须进行急救处理，避免伤情扩大，途中做进一步检查，进行病史采集，以发现一些隐蔽部位的伤情，做进一步处理，减轻患者伤情 (4)转送途中密切观察患者的瞳孔、意识、体温、脉搏、呼吸、血压等情况，有异常应及早采取相应的处理措施 (5)若伤者受伤严重，应派人拨打急救电话取得联系，详细说明事故地点、严重程度、联系电话，并派人到路口接应
注意事项	(1)当发生高处坠落事故后，应优先对呼吸道梗阻、休克、骨折和出血进行处理，应先救命，后治伤 (2)胸部伤者一般取卧位，颅脑损伤者一般取仰卧偏头或侧卧位。抢救失血者，应先进行止血；抢救休克者，应采取保暖措施，防止热损耗；抢救脊椎受伤者，应将伤者平卧放在帆布担架或硬板上，严禁只抬伤者的两肩与两腿或单肩背运 (3)备齐必要的应急救援物资，如车辆、医药箱、担架、氧气袋、止血带、通信设备等 (4)应保护好事故现场，等待事故调查组进行调查处理
本岗位应急处置装备	担架、急救箱等

F.4 灼烫事故现场处置方案

事故类型	灼烫
可能发生事故的地点	危险化学品仓库及危险化学品使用区域、炉窑、高温塔器、换热器等
处置措施	(1)小心脱掉患者被化学物质沾染的衣服,如患者伤情严重,要立即呼叫救护车 (2)如果是被强酸强碱烧伤,先要将患者身上的强酸强碱擦干净,防止冲洗中被稀释的酸碱烧伤周围皮肤;然后用大量清水将这些化学物质冲洗干净,冲洗时患者可能会疼痛,但要在安慰患者的同时坚持清洗 (3)如果患者伤势较轻,经以上处理后用干净的布手绢覆盖伤处,尽快送医院 (4)如果化学物质溅到眼睛里,要用清水冲洗眼睛15min以上,冲洗时让患者不停地眨眼睛,以便充分地清洗眼球和结膜,但不要翻眼皮,冲洗后立即送医院 (5)化学物质烧伤后,用清水冲洗数次后,不要胡乱涂抹任何药膏,保持伤口的清洁,防止二次感染,然后到医院进行检查 (6)事故发生第一时间需向部门负责人报告
本岗位应急处置装备	担架等

F.5 易燃易爆物料泄漏应急处置方案

事故类型	火灾、爆炸
可能发生事故的地点	危险化学品仓库、易燃易爆化学品车间
涉及危险化学品	无水乙醇、过氧化氢等
易燃易爆物料泄漏现场处置措施	(1)消除所有点火源 (2)尽可能切断泄漏源。防止泄漏物进入水体、下水道、地下室或限制性空间 (3)小量泄漏:用砂土或其他不燃材料吸收。使用洁净的无火花工具收集、吸收材料 (4)大量泄漏:利用容器收集、转移、回收或无害处理后废弃 (5)泄漏遇火源引起火灾、爆炸时应立即拨打公司应急电话 (6)事故发生的第一时间向部门负责人报告
易燃易爆物料中毒现场处置措施	(1)立即拨打公司应急电话 (2)将患者迅速带离现场至空气新鲜处,保持呼吸道通畅 (3)对于呼吸及心跳停止者立即进行人工呼吸和心脏按压术,立即就医
本岗位应急处置装备	防护口罩、消火栓、灭火器、应急药品等

F.6 有限空间事故现场处置方案

事故类型	窒息、触电、物体打击等
可能发生事故的地点	除尘器、酸雾喷淋塔、废气处理塔、风管、地沟、污水井、纯水箱、循环水池、污水池、事故池、精馏塔及氯气罐等
涉及危险化学品	氢气、氯气、硫化氢等
处置措施	(1)有限空间作业中发生事故后，禁止盲目施救。进入现场进行救援的人员必须正确穿戴正压式呼吸器，使用安全帽、安全绳、安全带等应急救援器材 (2)当出现紧急情况或发生事故时，现场人员应根据情况设置警戒区域，禁止其他人员进入 (3)在有限空间作业现场检测到可燃气体浓度超标时，作业人员应加强现场管理，防止火花引起燃烧、爆炸 (4)在使用通风设备进行强制通风时，应将吹风口置于有限空间底部进行吹风 (5)进入有限空间作业现场，使用的安全电压不大于12V (6)在扑救火灾时，应使用雾状水、泡沫、二氧化碳、干粉等灭火器材、器具 (7)如果有人员中毒，应使患者迅速脱离现场至空气新鲜处，保持其呼吸道通畅。如患者呼吸困难，应进行输氧；如患者呼吸、心跳停止，立即进行心肺复苏术 (8)在事故发生的第一时间向部门负责人报告
现场确认	发生物体打击事故后，为保障伤员的生命，减轻伤员的痛苦，现场人员在拨打报警电话后可以进行现场施救
应急行动	(1)若受伤人员伤势较轻，创伤处用消毒纱布或干净的棉布覆盖 (2)对有骨折或出血的受伤人员，做相应的包扎、固定处理，搬运伤员时应以不压迫创伤面和不引起呼吸困难为原则 (3)对心跳、呼吸骤停者应立即进行心肺复苏、人工呼吸，对胸部外伤者不能用胸外心脏按压术 (4)若受伤者呼吸短促或微弱，胸部无明显呼吸起伏，应立即给其做口对口人工呼吸，频率为14～16次/min；如脉搏微弱，应立即对其进行人工心脏按压，在心脏部位不断按压、松开，频率为60次/min，帮助窒息者恢复心脏跳动 (5)如有出血，立即止血包扎 (6)抢救受伤较重的伤员，在抢救的同时，及时拨打急救中心电话，由医务人员救治伤员 (7)如无能力救治，尽快将受伤人员送往医院救治 (8)肢体骨折时尽快固定伤肢，减少骨折断端对周围组织的进一步损伤。如没有任何物品可做固定器材，可使用伤者侧肢体，躯干与伤肢绑在一起，再送往医院
应急救援	拨打120电话，求助社会应急救援力量
注意事项	(1)现场施救要正确及时，联系医疗单位救治时必须遵循就近原则，严防造成伤员伤势扩大 (2)救援者应采取防止物体打击伤害的安全措施后才能进行救援，避免自身造成二次伤害 (3)事故现场设置警示标志，做好现场保护，便于进行事故调查
本岗位应急处置装备	正压式空气呼吸器、担架等

F.7 坍塌

<table>
<tr><td>事故类型</td><td colspan="2">坍塌</td></tr>
<tr><td>可能发生事故的地点</td><td colspan="2">物品堆码场所</td></tr>
<tr><td>涉及危险化学品</td><td colspan="2">原料仓库货物中的化学品</td></tr>
<tr><td>发现险情处理措施</td><td colspan="2">报告应急总指挥</td></tr>
<tr><td>现场确认</td><td colspan="2">(1)坍塌事故一旦发生,仓库、临时货堆倒塌,人会被掩埋,造成大面积人员伤亡、财产损失
(2)处在货物不稳定、层架松动或有易落物品的储物设施下面的办公区、通道,容易发生坍塌事故
(3)坍塌事故多发生在货柜振动、下层支撑货物抽出或地震等自然灾害时期
(4)坍塌事故发生前,储物设施易出现异常裂纹、横杆沉降、较大弯曲或货物出现松动易滑脱等现象</td></tr>
<tr><td rowspan="4">应急行动</td><td>发生险情时处置措施</td><td>(1)当发生险情时,值班人员立即组织人员撤离危险区域,迅速报告事故应急指挥部
(2)报警方式采用喊话或其他方式,疏散人员
(3)当事故有扩大趋势时,现场应急人员应向应急指挥部申请启动应急预案,及时与地方政府、应急救援队伍、公安、消防、医院等相关部门取得联系,确保24小时联络畅通,联络方式采用电话、传真、电子邮件等
(4)现场应急人员通过上述联络方式向有关部门报警,报警的内容主要是:坍塌发生的时间、地点、背景,造成的损失(包括人员受灾情况、人员伤亡数量、坍塌情况及造成的直接经济损失),已采取的处置措施和需要救助的内容</td></tr>
<tr><td rowspan="2">出现征兆时处置措施</td><td>若坍塌征兆比较轻微,则直接进行处理,如:清除上部松动易滚落货物,对储物设施等的支撑部位出现裂纹或沉降的地方进行加固等</td></tr>
<tr><td>若坍塌征兆比较明显,应立即疏散危险区域内的人员,待人员疏散完成后,由应急组对可能出现坍塌事故的危险区域进行评估,评估结果分两种:A.该区域极易发生大规模坍塌事故,已不适合作为货物储存区,需要立即搬离;B.该区域虽然出现比较明显的坍塌征兆,但是经过专业人员处理后仍可以作为存储区,能满足安全需要</td></tr>
<tr><td>事故发生时处置措施</td><td>迅速撤离危险区域内所有人员,待坍塌现场稳定后,再进行物资或设备转移</td></tr>
<tr><td>应急救援</td><td>有遇险人员时的处置措施</td><td>(1)遇险人员要积极自救,同时要想方设法通知救援人员自己所处的准确位置,以便得到及时救援;救援人员按规定穿戴好防护用品,在保证自身安全的前提下,携带相关救援装备(根据储备物资装备确定),对遇险人员进行抢救、搜救
(2)待坍塌物基本稳定后,对坍塌物由上至下、由轻到重地搬运,做好支护,保护受伤人员
(3)由医务人员对伤者进行现场状态评估和紧急救治,对受伤部位进行固定和必要处理,使用担架运送至急救中心抢救</td></tr>
<tr><td>注意事项</td><td colspan="2">(1)救助人员首先要戴好个人防护用品,如安全帽、安全带、反光背心等
(2)遇险人员被救出转至安全地带后,应及时进行包扎或其他紧急救护
(3)险情发生至现场恢复期间,应封锁现场,防止无关人员进入现场发生意外
(4)救助人员要服从指挥,统一行动
(5)救助人员要及时将抢救搜救进展情况报告应急自救组长
(6)对可能影响区域张贴告示,提醒居民注意相关事项</td></tr>
</table>

F.8 物体打击、其他伤害

事故类型	物体打击、其他伤害
可能发生事故的地点	原料仓库货物坍塌衍生伤害，高处作业物品落下，物品运动产生的物品移动和飞出
涉及危险化学品	无
发现险情处理措施	报告应急总指挥
现场确认	(1)发现人员受到伤害(肢体受伤等)，应立即向应急总指挥报告，视人员伤情拨打120急救 (2)研判伤害条件是否消除
应急行动	(1)穿戴防护用品 (2)确认伤害条件处于稳定状态 (3)将受到伤害的人员转移到安全的地方，并依据伤害部位和性质采取适当的措施救护受伤人员
应急救援	(1)休克、昏迷急救：外伤、剧痛、脑脊髓损伤等可能造成工作现场的休克、昏迷。一般按以下程序处理： ① 让休克者平卧，不用枕头，脚部抬高30°。若属于心源性休克同时伴有心力衰竭、气急，不能平卧时可采用半卧。注意保暖和安静，尽量不要搬动，如必须搬动，动作要轻 ② 立即与医务工作者联系，请医生治疗 (2)人员创伤急救程序 ① 创伤急救原则上是先抢救，后固定，再送医院 ② 抢救前先使伤员安静躺平，判断全身情况和受伤程度，如有无出血、骨折和休克等 ③ 外部出血则立即采取止血措施，防止失血过多而休克 ④ 外观无伤，但呈休克状态，要考虑胸腹部内脏或脑部受伤的可能性 (3)烧、灼烫 ① 烧伤急救就是采用各种有效的措施灭火，使伤员尽快脱离热源，尽量缩短烧伤时间 ② 对已灭火而未脱衣服的伤员必须仔细检查全身状况，保持伤口清洁。伤员的衣服鞋袜用剪刀剪开后除去，伤口全部用清洁纱布覆盖，防止污染 ③ 四肢烧伤时，先用清洁冷水冲洗，然后用清洁纱布、消毒纱布覆盖并送往医院
注意事项	一旦被救者的心脏和呼吸都停止，应当同时进行口对口呼吸和胸外按压。如现场只一个人抢救，可以两种方法交替使用，每吹气2～3次，再按压10～15次。抢救要坚持不断，切不可轻率终止，运送途中也不能停止抢救

F.9 中毒和窒息

事故类型	中毒和窒息
可能发生事故的地点	管路、容器打开，受限空间
涉及危险化学品	原料仓库货物中的化学品，氩气站的氢气、氩气、硫化氢
发现险情处理措施	报告应急总指挥
现场确认	(1)发现人员受到伤害，应立即向应急总指挥报告，视人员伤情拨打120急救 (2)研判伤害条件是否消除
应急行动	(1)穿戴防护用品 (2)确认伤害条件处于稳定状态 (3)将受到伤害的人员转移到通风良好且安全的地方，并依据伤害情况和性质采取适当的措施救护受伤人员
应急救援	(1)发生人员中毒窒息事故，现场紧急救护的同时，立即通知指挥部有关人员到现场紧急处理 (2)中毒伤者如有呼吸困难、心跳停止，立即进行现场人工呼吸和胸外按压复苏术 (3)人工呼吸时，首先将伤者带离毒区，清除伤者口腔异物，伤者平躺、垫高颈部、捏紧鼻孔，对伤者进行口对口吹气，时间约2s；然后松开伤者的口、鼻，让其自行呼气，时间约3s；频率16次/min (4)实施胸外按压复苏术时，伤者平躺，救护者双手交叉重叠对准伤者的左胸突部位进行上下按压，压陷深度约2～3cm，频率80次/min，使用该方法时根据伤者身体情况注意力度，不要用力过猛造成伤者的其他伤害。在伤者没有恢复正常呼吸和心跳前，救护者实施人工呼吸抢救要坚持，不能间断和停止抢救(包括运送至医院途中) (5)对不能自主呼吸、神志清楚的伤者，可采用空气呼吸器(正压式空气呼吸器)强制输入的办法，协助其将呼吸调整到正常状态 (6)通知120派救护车把伤员快速送往附近医院抢救 (7)在急救时如遇到危及生命的严重现象要立即进行心肺复苏
注意事项	一旦被救者的心脏和呼吸都停止，应当同时进行口对口呼吸和胸外按压。如现场只一个人抢救，可以两种方法交替使用，每吹气2～3次，再按压10～15次。抢救要坚持不断，切不可轻率终止，运送途中也不能停止抢救

参 考 文 献

[1] 朱忠伦. 汽车拆装实训［M］. 北京：人民交通出版社，2003.

[2] 姚美红，栾琪文. 汽车构造与拆装实训教程［M］. 北京：机械工业出版社，2013.

[3] 许琦. 化工机器拆装与维修［M］. 北京：化学工业出版社，2016.

[4] 马栖林. 常用化工设备检修规程［M］. 北京：机械工业出版社，2012.

[5] 崔继哲. 化工机器与设备检修技术［M］. 北京：化学工业出版社，2000.

[6] 晏初宏，胡祥梅. 汽车发动机拆装检修实训［M］. 北京：机械工业出版社，2016.

[7] 张麦秋，傅伟. 化工机械安装与修理［M］. 2 版. 北京：化学工业出版社，2010.

[8] 马秉骞. 化工设备使用与维护［M］. 北京：高等教育出版社，2007.

[9] 中国石油化工集团公司，中国石油化工股份有限公司. 石油化工设备维护检修规程：第三册化工设备［M］. 北京：中国石化出版社，2004.

[10] 陈庆，高路，胡忆沩，等. 石油化工通用设备管理与检修［M］. 北京：化学工业出版社，2019.

[11] 吴拓. 实用机械设备维修技术［M］. 北京：化学工业出版社，2013.